中交第一航务工程勘察设计院有限公司

煤炭港区粉尘控制研究与应用

Research and Application of Dust Control Technologies in Coal Harbour

季则舟　汪悦平　马　瑞　等
著

上海科学技术出版社

煤炭港区粉尘控制研究与应用

图书在版编目（CIP）数据

煤炭港区粉尘控制研究与应用 / 季则舟等著. -- 上海 : 上海科学技术出版社, 2023.1
ISBN 978-7-5478-5979-7

Ⅰ. ①煤… Ⅱ. ①季… Ⅲ. ①煤码头－煤尘－控制－华北地区 Ⅳ. ①TD714

中国版本图书馆CIP数据核字(2022)第209734号

煤炭港区粉尘控制研究与应用

季则舟　汪悦平　马　瑞　等 著

上海世纪出版(集团)有限公司
上 海 科 学 技 术 出 版 社 出版、发行
(上海市闵行区号景路159弄A座9F-10F)
邮政编码 201101　www.sstp.cn
常熟市华顺印刷有限公司印刷
开本 787×1092　1/16　印张 12
字数 220 千字
2023 年 1 月第 1 版　2023 年 1 月第 1 次印刷
ISBN 978-7-5478-5979-7/U·138
定价：95.00 元

内容提要

本书系统总结了我国煤炭运输专业化港区粉尘控制研究及工程实践成果。针对煤炭运输港区粉尘来源及传统的粉尘控制措施存在的问题，依托多年煤炭运输码头的设计和实践经验，本书著者及研究团队在粉尘源头控制、大型筒仓群储存、工艺系统各环节粉尘控制、粉尘回收利用、粉尘控制监测智能化、水资源循环利用等方面进行研究与实践，形成了煤炭运输专业化港区粉尘控制成套技术。全书共 10 章，分别就上述技术内容进行了详细阐述。另本书著者及研究团队编制的《京津冀煤炭矿石码头粉尘控制设计指南》附于书后，可用于指导和规范京津冀地区煤炭、矿石运输码头的粉尘控制设计。

本书及所附指南对煤炭港区新建、改建、扩建或对已有煤炭矿石码头的改造升级均具有指导和参考意义，可供从事港口科研、设计、建设、管理人员使用，也可供港口与航运管理、装卸工艺、环境工程、给排水工程、通风除尘、土木建筑等高等院校相关专业的师生参考。

编写委员会

主　任

季则舟

副主任

汪悦平　马　瑞

委　员

岳金灿　韩冬冬　刘　亮　邢　军　刘仲松

胡仁平　余建夫　杨洪祥　张国权　韩瑞洁

序

我国煤炭资源丰富，其长期以来一直是国家生产和消费规模最大的能源品种。2021年，我国一次能源生产总量为43.3亿t标准煤，其中原煤产量占一次能源生产总量的68.1%；能源消费总量为52.4亿t标准煤，其中煤炭消费量占能源消费总量的56.0%。我国油气能源对外依存度较高，风能、光伏能源等绿色能源处于发展阶段，在未来的一定时期内，煤炭仍将是我国主要的供给能源。然而，作为煤炭物流运输重要节点的煤炭运输专业化港口（以下简称“煤炭港口”），以传统技术和作业方式，在装卸、堆存、输送各环节均存在煤炭扬尘问题，不仅影响港区环境，外逸的粉尘还对区域大气环境造成影响，成为绿色港口发展中的短板。因此，我国亟须研发新技术，彻底解决煤炭运输专业化港区（以下简称“煤炭港区”）粉尘控制问题，以契合我国高质量发展目标，助力交通强国建设。

中交第一航务工程勘察设计院有限公司（以下简称“一航院”）作为水运行业科技领军企业，积极响应国家生态文明建设的方针政策，秉承绿色发展理念，多年来潜心研究绿色港口建设方案，在煤炭港区粉尘控制、大型封闭储煤设施设计、港区水资源开发及循环利用、生态海岸新结构开发等方面取得丰富成果，并将成果应用在我国多个港口的新建及老港区的升级改造工程中，取得了良好的经济、社会与环境效益。同时，为更好地在水运行业推广应用、规范和指导相关设计，根据交通运输部统一部署，一航院主编完成了《煤炭矿石码头粉尘控制设计规范》(JTS 156—2015)、《港口工程清洁生产设计指南》(JTS/T 178—2020)、《港口干散货封闭式料仓工艺设计规范》(JTS/T 186—2022)、《水运工程生态保护修复与景观设计指南》(JTS 183—2021)等绿色港口设计系列行业标准，为水运行业绿色发展、技术进步做出了贡献。

本书是一航院科技人员长期研究及工程实践的成果，是对我国煤炭港区粉尘控制技术的系统总结，从粉尘源头控制、大型筒仓群储存、工艺系统各环节粉尘控制、粉尘回收利用、粉尘智能监测、水资源循环利用等方面提出设计技术要点，形成了煤炭港区粉尘控制成套技术。

本书立足于一航院多年来在煤炭港口设计技术的积淀与创新，以绿色发展、资源节约为导向，以数字智能化技术为手段，在煤炭运输各环节采用创新技术，有效解决了长期困扰煤炭港区的粉尘污染问题。本书内容丰富翔实，为我国煤炭港口物流运输提供了一套经济适用、绿色智慧的煤炭粉尘控制解决方案。希望本书能够对广大水运行业技术人员有所帮助，共同为践行交通强国战略、建设绿色港口做出应有的贡献。

中交第一航务工程勘察设计院有限公司

董事长：

总经理：

2022 年 9 月于天津

前言

改革开放以来，我国经济迅猛发展，作为社会发展主要能源的煤炭需求量越来越大。2021年，我国煤炭产量为41.3亿t，全年生产和消耗的煤炭总量约占全球的50%，煤炭仍然是目前乃至未来一定时期我国的主要供给能源。另一方面，我国煤炭资源主要赋存地与能源主要消费地的错位布局形成了北煤南运、西煤东运的基本格局，由此带动了沿海煤炭港口的大规模建设。目前，我国沿海港口煤炭运输已基本形成了以环渤海的秦皇岛港、唐山港、天津港、黄骅港四大港口为主，青岛港、日照港、连云港港等为辅的北煤南运运输体系。2021年，我国港口煤炭吞吐量为28.31亿t，其中北方主要港口煤炭下水量为7.47亿t，是世界上规模最大的煤炭外运港口群。未来，随着我国华东、华南地区煤炭需求的持续增长及国外进口煤炭数量的不确定性，北方港口煤炭运输能力将得到进一步发挥。

然而，在煤炭港口大规模建设运营的同时，煤炭在港口的装卸、堆存过程中也产生了大量煤炭粉尘。特别是处于气候干燥、冬季冰冻且淡水资源匮乏的北方地区的港口，煤炭粉尘控制难度极大，其不仅会造成港区污染、作业环境恶劣，也会造成周边区域大气污染，对生态环境及人民群众的身体健康构成了威胁。这与我国秉承生态文明建设、绿色发展理念，以及建设交通强国和发展绿色港口的目标存在较大差距。自20世纪80年代以来，我国陆续建设了大量煤炭港口，鉴于当时技术的限制，煤炭港口传统的除尘、抑尘方法已不能完全适应目前港口高质量发展的需要，同时国外也缺少类似我国条件和规模的煤炭港口案例以供借鉴。如何切实解决大规模煤炭港口的粉尘污染问题，保证煤炭港口可持续、高质量发展，实现绿色港口目标，是港口科研、设计、管理者面临的重大命题。随着我国绿色发展理念的贯彻执行，国家及相关行业主管部门对环境保护也提出了更高要求。因此，早期建设的煤炭港口将面临技术升级改造，新建及改、扩建的煤炭港口工程须配套采取更加有效、可靠、经济的粉尘控制措施。

为切实解决煤炭港口的粉尘污染问题，自2008年开始，一航院联合国能黄骅港务有限责任公司等相关单位共同开展了技术攻关研究，通过大量现场实测、理论分析、数值模拟及物理模型试验等手段，经十多年不断研究及实践，研发出经济、高效的煤炭港区粉尘控制成套技术。本书从粉尘源头控制、大型筒仓群储存、工艺系统各环节粉尘控制、粉尘回收利用、粉尘控制监测智能化、水资源循环利用等方面对该成套技术内容进行了详细阐述，并结合黄骅港煤炭港区粉尘控制技术实施情况进行了案例分析，具有先进性和实用性。本书立足于基础研究及工程实践，系统阐述了专业化煤炭港口全流程粉尘控制技术。与同类书相比，本书所提出的煤炭港口粉尘控制体系更加完整，粉尘控制技术更先进、适用，且具有较强的可操作性，可为我国大量已建煤炭港口的技术升级及新建煤炭港口的建设提供指导与借鉴。另外，本书所阐述的煤炭粉尘控制技术也可用于涉及煤炭物流的厂矿、储运等行业，应用前景广阔。黄骅港煤炭港区应用该成套技术改造后，被评为国家3A级工业旅游景区；天津港、唐山港、秦皇岛港等煤炭港口借鉴并实施了其中多项技术后也获得了良好的粉尘治理效果。本书阐述的煤炭港口粉尘控制成套技术经中国水运建设行业协会组织的科技成果评价，认定为达到国际领先水平，为我国交通运输行业提供了一套经济适用、绿色智慧的煤炭粉尘控制解决方案。

此外，一航院根据交通运输部水运局要求，针对环渤海京津冀煤炭港区特点，同时吸纳了矿石码头粉尘控制经验，编制了《京津冀煤炭矿石码头粉尘控制设计指南》，本次将该指南附于书后，方便广大读者使用。

在课题研究及本书编写过程中，国能黄骅港务有限责任公司刘林团队对黄骅港煤炭港区粉尘控制做了大量实践工作，并提供了丰富的图片资料；一航院岳金灿、韩冬冬、刘亮在煤炭港口工艺系统粉尘控制、粉尘控制监测智能化、水资源循环利用等方面做了大量研究工作；参加黄骅港煤三期工程设计的邢军、刘仲松、胡仁平，以及进行筒仓工艺系统仿真模拟的余建夫、杨洪祥均提供了丰富资料；张国权、韩瑞洁参与了部分内容编写，并为本书出版做了协调及统筹工作，在此一并致谢。

本书编写力求内容丰富、翔实，突出先进性和实用性，以期提高我国港口粉尘治理水平。由于作者知识有限，书中难免有不足与疏漏之处，敬请读者对发现的问题不吝赐教、批评指正。

作 者

2022 年 9 月于天津

目录

第 1 章

国内外煤炭港区粉尘控制技术现状

煤炭在港区装卸、运输和堆存过程中不可避免会产生扬尘，对港区及周边大气环境造成污染。随着环境保护意识的提高和绿色港口理念的提出，国内外煤炭港区纷纷采取不同粉尘控制技术降低煤炭粉尘排放、改善大气环境质量。

1.1 国内煤炭港区粉尘控制技术现状

1.1.1 国内煤炭运输现状

我国幅员辽阔，煤炭资源丰富，石油、天然气等能源相对短缺。我国发电、钢铁及冶金、建材、化工、供热等经济发展及人民生活所需能源主要依靠煤炭，煤炭是我国的基础能源。2021年，我国煤炭产量为41.3亿t，全年生产和消耗的煤炭总量约占全世界的50%。然而，我国煤炭资源的分布极不均衡，主要赋存在中西部地区，但消费基地主要集中在东部，特别是东南地区，资源赋存与能源消费地域的错位布局形成了北煤南运、西煤东运的基本格局。为此，我国先后建成了大秦、神黄、瓦日三大煤炭运输通道，煤炭经铁路运至北方港口装船下水，再运往东南部地区。作为我国的基础能源，以煤为主的能源结构在未来相当长时期内难以改变。因此，随着经济的不断发展和能源消耗的持续增长，这种运输格局仍将继续存在。

港口是交通运输大动脉的枢纽，是水上运输和陆上运输的连接点。我国现有沿海港口在煤炭的运输上，已基本形成以环渤海的秦皇岛港、唐山港（京唐港区、曹妃甸港区）、天津港、黄骅港四大港口为主，青岛港、日照港、连云港港等为辅的北煤下水港体系；与此相对应的是江苏、上海、浙江、福建、广东等沿海地区由电厂等大型用煤企业自建的专用码头和公用码头组成的煤炭接卸港体系，主要接卸港包括上海港、宁波舟山港、广州港等。沿海水路运输煤炭具有运价低、运力大、能耗小、可直接到达用煤企业专用码头等优势，是我国东南沿海地区煤炭运输的主要方式。2021年，我国港口煤炭吞吐量为28.31亿t，其中北方主要港口煤炭下水量为7.47亿t。未来，随着我国华东、华南地区煤炭需求的持续增长，以及进口煤炭的不确定性增加，港口煤炭运输能力将得到进一步加强。

1.1.2 煤炭露天堆存方式

港口煤炭运输的特点是大进大出，重点是要保证装卸效率和安全性，因此基本上采用专业化的运输工艺。且为满足煤炭品种多、运量大、堆存时间长的周转储存需要，基本采用露天堆存方式。自20世纪80年代，我国陆续在秦皇岛港、青岛港、日照港、天津港、黄骅港、京唐港区、曹妃甸港区等建设了大型煤炭出口码头，堆存工艺均采用露天堆场堆存的形式，堆场上布置大型堆、取料设备及皮带机，以完成煤炭的卸料堆存和取料装船作业。

如秦皇岛港煤五期工程设计年通过能力为 5 000 万 t，堆场的堆存容量为 400 万 t，露天堆场面积达 77 万 m^2。铁路卸车采用翻车机卸车工艺，配备了 3 台三翻式翻车机。堆场设备采用斗轮取料机、单悬臂堆料机和皮带机。堆场布置 6 条堆料作业线、5 条取料作业线(图 1 - 1)。

再如，唐山港曹妃甸港区煤码头起步工程设计年通过能力为 5 000 万 t，共建设 5 个泊位。煤炭卸车系统采用 2 台四翻式翻车机。煤炭堆场南北方向长度 1 192 m，东西方向宽度 612 m，露天堆场面积 72.95 万 m^2，堆存容量 398.2 万 t。堆场布置 5 条堆料作业线、4 条取料作业线(图 1 - 2)。

图 1 - 1　秦皇岛港煤五期工程堆场

图 1 - 2　曹妃甸港区煤码头起步工程堆场

露天堆场能很好地满足大型专业化煤炭港口堆存、周转、配煤等需求，具有经济性好、使用灵活方便的优势，长期以来是煤炭港口物料堆存的主要方式。但煤炭在露天堆存、装卸和运输过程中都不可避免会产生煤炭粉尘，如堆场静态堆存及皮带机运输的煤炭在风力作用下会扬起粉尘，堆料机堆料及皮带机转接时由于存在较大落差会产生扬尘，取料机作业时料斗快速转动扰动煤炭会形成扬尘等(具体煤炭港区粉尘污染来源见第 2 章内容)。这些煤炭粉尘主要包含粒径通常为 50～200 μm 的粗尘颗粒，黑色可见，随风飘散，会对港区环境及周围地区的大气造成污染，甚至影响人们的身体健康，需要采取一定的粉尘控制技术加以治理。

1.1.3　常用粉尘控制技术

我国大型专业化煤炭港口设计建设中，对装卸作业过程中产生的粉尘，常用的控制技术为干式除尘技术和湿式抑尘技术；对物料堆存过程中的粉尘控制，主要采用机械物理防尘技术。

1) 干式除尘技术

干式除尘技术是将重点产尘部位尽可能地封闭起来，同时辅助除尘机械装置。该方法一般用于作业转接点的防尘抑尘，通常采用的技术包括袋式除尘技术、静电除尘技术、微动力除尘技术等，这些技术措施可以将扬尘控制在局部封闭的空间内。

2) 湿式抑尘技术

湿式抑尘技术主要是对尘源喷雾洒水或喷洒化学药剂，以增加粉尘颗粒的黏滞性和重量来消除或防止起尘。常见的有设置堆场洒水喷枪洒水(图 1-3)、装卸点定点喷雾洒水、流动喷洒水、喷洒抑尘剂等。在煤堆场、取料机、堆取料机、装船机及翻车机房、皮带机房、码头面等一般均采用湿式抑尘，同时为减少道路扬尘还配备有洒水车。采取洒水除尘措施可以有效减少堆场静态起尘量，但当风速较大时，在风力作用下，露天堆存的煤炭仍然会产生大量扬尘，且洒水除尘措施对减少有落差的装卸起尘量效果不明显。此外，洒水除尘措施需要大量用水，但我国北方地区缺水严重，难以完全满足洒水除尘措施的用水量；同时，冬季严寒条件对洒水设备有较高的质量和维护要求，且洒水后可能会在周围区域结冰，易形成安全隐患，喷洒水措施也不能很好地实施。

图 1-3 港区煤堆场洒水除尘

3) 机械物理防尘技术

机械物理防尘技术主要有煤垛物理覆盖、堆场四周设置防风抑尘网等。煤垛物理覆盖即在煤垛上由人工进行苫布整体覆盖，具有较好的抑尘效果，但是作业过程劳师费力，成本较大，对煤炭自燃不易处理，不适用于煤炭周转较快的煤堆场。防风抑尘网(图 1-4)是在堆场四周设置的一种疏透(多孔)障碍物，其作用机理是通过降低来流风的风速、最大限度地损失来流风的动能、避免来流风的明显涡流、减少风的湍流度，从而达到减少起尘的目的，是目前煤堆场常用的一种减少扬尘的方式。

我国对防风抑尘网防尘技术的研究起步较晚，最早始于1986年。2003年6月秦皇岛热电厂防风网工程安装就位，此后防风抑尘网作为一种防风抑尘方式在国内逐步投入使用。

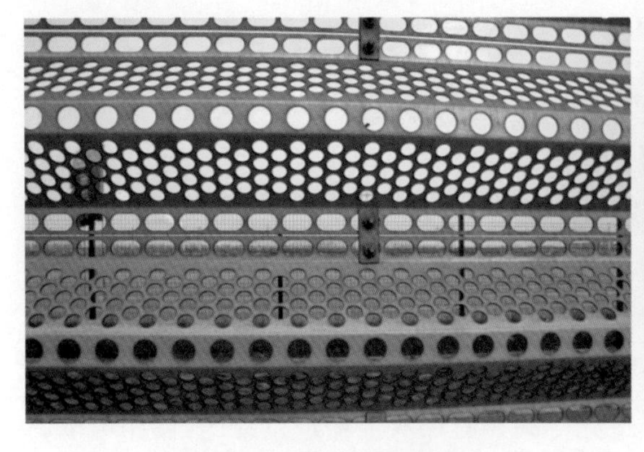

图1-4 防风抑尘网结构图

图1-5 曹妃甸港区煤码头防风网

2006年，天津港南疆散货物流中心第三卸车场防风网建成，采用单层柔性抑尘网，总长2 615 m、高9 m，防护面积达24万m^2。2008年7月，秦皇岛港煤三期防风网工程投入使用，采用钢制防风网围绕煤三期堆场而建，总长1 750 m、高23 m。2008年年底，曹妃甸港区煤码头防风网工程建成，总长2 608 m，主要分布在煤炭堆场的东、南、北三侧。其中，北侧抑尘网长607 m、高17 m，东侧防风网长1 361 m、高23 m，南侧防风网长640 m、高23 m(当地主导风向为SSW向，风速最大风向为E向)，如图1-5所示。2008年，京唐港区32#—34#泊位在煤炭堆场北侧建设了防风网试验段，长度为510.9 m、网高20 m；2009年4月，为了完善防风网的建设，在堆场东、西侧设置防风网，北侧与原有试验段的防风网相接。其中，东侧防风网长度为1 501 m、网高24 m，西侧和北侧抑尘网总长度为2 097 m、网高20 m(当地主导风向和风速最大风向均为E向)，如图1-6所示。

图1-6 京唐港区32#—34#泊位煤炭堆场防风网

采用防风抑尘网对堆场周围进行围护，在有效遮挡范围内，对抑制粉尘起到了一定作用，但我国专业化煤炭港口的堆场长向尺寸一般均达千米以上，往往超过防风网的有效遮挡范围，部分风可从高处越过防风网，故防风网对距其较远的煤堆防风抑尘效果不够理想。

1.1.4 煤炭封闭堆存方式

为从根本上彻底解决煤炭堆场粉尘污染问题，各行业对煤炭堆场采取的环保措施不尽相同。一般来说，比较有效、彻底地解决传统煤炭堆场环境污染问题的措施是将煤炭封闭在一定的空间内，以防止粉尘外逸，即采用封闭堆存方式。目前，国内常用的封闭堆存结构有条形料仓、穹顶圆形料仓和筒仓。

1）条形料仓

条形料仓一般采用圆柱面网壳、条带式拱壳等结构对煤炭堆场进行封闭，使用堆取料机（有的配备取料机）进行煤炭的堆存和取料作业，堆取料机两侧为煤炭堆场，用大型皮带机输送煤炭。为满足防火分区要求，目前建设的大型条形料仓需沿纵向分成若干段进行串联布置（图 1－7）。条形料仓的特点是结构简单，施工方便，较其他封闭堆存结构投资小。而为了满足装卸设备作业的净空要求，条形料仓通常跨度大、高度高、占地面积大、堆存率低，不适用于建设用地有限、堆存率需求高的港口。

图 1－7　曹妃甸港区煤码头续建工程大型条形料仓

2）穹顶圆形料仓

穹顶圆形料仓主要由半球形网壳穹顶、扶壁挡墙及储料仓下廊道组成（图 1－8）。堆

图1-8　江苏盐城港滨海港区煤码头穹顶圆形料仓

料机构中柱安装在料仓的中心，上部安装有可回转的悬臂堆料机，可绕中柱在360°范围内回转，通过回转机构来实现堆料作业，取料机构一般为链式刮板取料机。因为防火分区要求限制了穹顶圆形料仓的单仓容量，且不同煤种通常不能混装在一个仓内，所以穹顶圆形料仓适用于储煤种类相对较少、储煤量需求不大的港口。

3) 筒仓

筒仓已广泛地应用于煤炭、电力行业的煤炭堆存，但一般整体规模不大，且均处于地基基础较好的区域(图1-9)。与露天堆存相比，筒仓堆存具有占地面积小、运行方式简单、

图1-9　江苏江阴利港电厂煤炭筒仓

出仓效率高、自动化程度高等优势，尤其是解决了煤炭堆场粉尘污染问题。在黄骅港煤三期工程建设之前，国内外还没有大型煤炭筒仓群应用于港口的先例。受煤炭不能混装的限制，筒仓应用于煤炭港口时，通常以筒仓群的形式存在，筒仓规模较大，工艺系统较为复杂，但结合各种传感器和控制平台，可以实现筒仓群智能取装管控一体化。筒仓堆存作业方式对煤炭堆存时间短、土地及环境资源受限的港口而言是一种较佳选择方案，但一般港口陆域软基居多，需重点研究解决筒仓群基础设计问题。

1.2 国外煤炭港区粉尘控制技术现状

1.2.1 澳大利亚煤炭港区粉尘控制技术现状

澳大利亚是煤炭出口大国，2020 年，在全球煤炭净出口量中排名第二，占全球出口量的 32.2%；在全球煤炭产量中排名第四，占全球产量的 6.5%，年产量的 79.1%用于出口。位于昆士兰州和新南威尔士州的 10 个主要煤炭出口港为澳大利亚的煤炭出口行业提供服务，包括纽卡斯尔港、格拉德斯通港、肯布拉港、布里斯班港等。煤炭港口的运营是与环境相关的活动，因此必须在澳大利亚政府环境主管部门的管辖下进行，且应符合运营过程中的煤尘排放标准。

澳大利亚煤炭港口实施的粉尘控制技术通常包括以下内容：

(1) 卸货方面：铁路卸货站采用封闭式设施，排气扇在铁路卸货设施内产生一定程度的负压，从空气中抽出粉尘颗粒，通过空气处理系统处理后将粉尘颗粒重新排回到料斗中，同时过滤和排出空气。在铁路卸货站安装货车振动器，以清除残留的煤炭，最大限度地减少煤车中煤炭的回运量。定期清洁卸货设施，将小煤粒和残余物重新排到料斗中。在铁路接收料斗处布置喷水装置，以调节运往码头堆场煤炭的水分含量。安装高料斗预警，以识别装载料斗中可能存在的煤炭溢出。料斗高度雷达可减少铁路卸货时煤炭从货车上下落的高度。采用能见度传感器实时监控铁路卸货设施的粉尘水平。采用 3D LIDAR(三维雷达传感器)系统确保卸车后货车中没有余煤。

(2) 输送机方面：采用覆盖式输送机，以最大限度地减少粉尘扩散。皮带清洗站清洁皮带并减少煤炭的回运和溢出。在转运点处布置喷水装置，以抑制煤炭运输过程中产生的粉尘。

(3) 堆场方面：码头堆场周围布置喷水装置，某些码头由连接到实时天气监测站的自动系统进行控制；天气条件和粉尘水平的变化会启动自动响应，如果需要，也可以手动开启喷水装置。采用堆取料机高坝基础形式并限制煤垛的高度，以使其不易受到风的影响，减少粉尘颗粒飘浮的可能性。以土丘和树木作为防风林，减少强风的影响并减少扬尘。采用真空清扫卡车清除道路和其他坚硬表面区域的粉尘。对包括管理人员、操作人员和机器操作员在内的所有员工进行各种技术培训，以最大限度地减少粉尘排放。

(4) 码头方面：采用覆盖式输送机将煤炭运输到码头和装船机，输送机下方的底盘可防止煤炭溢出到港口水域。在码头输送机上安装皮带清洗系统。装船机装有伸缩臂，可将煤炭堆放到每艘船的船舱深处；动臂包括一个封闭的部分，可最大限度减少装船过程中煤在风中的暴露。

(5) 天气监控：从气象局(BOM)网站获取未来3天和每日预报等天气预报。监控区域站点连续的BOM观测数据，辅助运营规划并补充从现场气象站获得的信息。

(6) 粉尘监测与报告：在煤炭港口现场和周边建立空气质量监测系统，定期监测空气质量并向政府报告。

澳大利亚气候湿润多雨，到港煤炭经洗煤后含水率较高，同时采用高坝、低煤垛堆存方式，可减少风对煤垛的影响，也增加了堆场喷枪喷淋的覆盖面，有效控制了粉尘逸出(图1-10)。

图1-10　澳大利亚纽卡斯尔港煤炭码头堆场喷淋

1.2.2　北美煤炭港区粉尘控制技术现状

北美洲煤炭储量丰富，总探明储量约占世界总量的23.9%，尤其美国是世界上煤炭储量最多的国家，其探明储量约占世界总量的23.2%。然而，随着可再生能源行业的兴起和消费者对清洁能源需求的日益增长，北美洲煤炭产量和消费量逐年下降，2020年约占世界总量的7.4%和6.5%。下面，以美国和加拿大为例介绍北美煤炭港区粉尘控制技术现状。

美国是煤炭的净出口国，2012年，美国煤炭出口达到创纪录的1.14亿t，相当于2012

年美国煤炭产量的12%。从2013年到2016年美国煤炭出口逐年下降,2017年和2018年有所增加,2019年和2020年又有所下降。2020年,美国向约60个国家出口了约0.63亿t煤炭,相当于2020年美国煤炭产量的13%。美国主要的煤炭出口港有6个,分别为诺福克港、巴尔的摩港、新奥尔良港、莫比尔港、西雅图港和洛杉矶港。美国各煤炭港口均采取粉尘控制技术降低粉尘排放以达到环保标准,一般通过以下技术控制粉尘的产生和扩散:使用封闭式输送机、伸缩臂式装船机,以减少粉尘逸出;在不利的降水、大风等天气条件下暂停装卸作业,减少可能产生的含煤污水径流或扬尘;在多环节使用洒水装置、布袋除尘器、真空除尘器等设备;对存储区和出入口区进行定期机械化清扫;对运输煤炭的卡车底盘和轮胎进行冲洗;卸煤时使用水和抑尘剂喷洒抑尘;在转运机房使用洒水装置降低粉尘。

加拿大煤炭探明储量约占世界总量的0.6%,是仅次于澳大利亚、美国和俄罗斯的世界第四大冶金煤出口国。2020年,加拿大煤炭产量为4 600万t,煤炭出口量为3 200万t,煤炭进口量为600万t。加拿大约80%的煤炭出口是通过不列颠哥伦比亚省的航运,这主要是因为加拿大大部分(90%)的煤炭储量都位于西部省份。温哥华港及温哥华附近西海岸码头、海王码头、鲁珀特王子港(里德利码头)、桑德贝港(桑德贝码头)、悉尼国际煤炭码头等港口/码头负责加拿大国际和国内的煤炭运输。为了消除煤炭粉尘带来的危害,加拿大各煤炭港口也采取了一些粉尘控制技术,如设置堆场喷雾高杆、堆场喷枪、手动雾炮、皮带机转运站洒水抑尘、堆取料机作业喷水、配置道路清洁洒水车等;同时,配备冲洗车场,以确保车辆及其轮胎上积聚的粉尘不会带离场地。2018年,海王码头开始对其煤炭粉尘抑制系统进行升级改造。用钢制喷雾高杆替换现有的木制喷雾高杆(图1-11),并在堆场关键位置增设喷枪。堆场喷枪可以在没有风的情况下呈弧形喷射,而喷雾高杆在风力较大时最有效,可以使产生的喷雾扩散。新系统优化了对堆场煤炭的喷淋覆盖范围,进一步增强了大风天气的防风抑尘能力,并实现了全自动化以优化用水量。

1.2.3 欧洲煤炭港区粉尘控制技术现状

煤炭行业曾经是整个欧洲能源的主导力量。随着欧盟新能源政策的出台,很多国家转向更清洁绿色的能源,开采煤炭的国家大幅减少,煤炭产量逐年下降。尽管如此,欧洲国家仍然是世界上许多煤炭出口商的主要市场。欧洲许多港口需要进出口煤炭,如汉堡港、不来梅港、威廉港、阿姆斯特丹港、鹿特丹港、安特卫普港、伊明赫姆港、利物浦港等。1997年,欧洲多个港口共同发起了生态港(EcoPorts)项目,致力于通过合作和共享来提高环保意识并改善环境管理。而煤炭港口的主要环境问题是煤炭装卸、运输和储存过程中产生的扬尘,基于此,欧洲各煤炭港口纷纷采取粉尘控制技术抑制粉尘污染。下面,以荷兰的阿姆斯特丹港和鹿特丹港为例进行介绍。

阿姆斯特丹港首先在煤炭的选择上,不接受易碎且容易产生粉尘的煤炭。每周至

图1-11　加拿大海王码头煤炭堆场喷雾高杆

少一次，使用纸浆喷洒煤堆来密封(图1-12)。喷洒水车辆每天24 h在现场四周行驶，以保持道路和小径的湿润，并且所有车辆的行驶速度都受到限制。卸货料斗只能在煤堆上方1 m以内打开，所有传送带都是封闭的，且在所有转运点都安装了喷淋装置。雨水和喷淋水被收集在水净化设备中。港口的污染监测系统(在场地周围点布了空气污染监测器)可测量颗粒物的排放量及从外部进入的量，如果粉尘超出标准则直接采取措施。未来，阿姆斯特丹港还计划在卸货料斗上安装喷淋装置，其他装卸作业中的扬尘问题正在研究解决。

鹿特丹港一直以来致力于港口环境改善，实施了"里吉蒙地区空气质量行动项目"(Rijnmond Regional Air Quality Action Program)，以减少港区污染物排放，实现空气清洁，并制定了2020年"清洁、环保港口"发展规划。鹿特丹港的抑尘系统覆盖了整个储煤区域，洒水装置可保持该区域湿润，所有车辆在离开现场前必须经过洗车。抑尘系统所需要的大量水通过综合回收、存储和再循环系统供应。港区的雨水使用独立的排水系统分开存储，经过再循环系统后水被储存在水槽中，因此抑尘系统始终有可以使用的水，而不必使用昂贵的饮用水。必要时，煤堆和露天区域会喷洒抑尘剂形成保护层作为防尘措施。为了防止煤炭自燃，鹿特丹港会对储存的煤进行压实。此外，鹿特丹港先后建设了6个一组和8个一组的大型煤炭混配筒仓，单仓容量为7 000 t，筒仓直径为21 m、高度为44 m，改变了传统的露天作业方式，混配好的洁净煤通过封闭式的皮带机输出并有序堆放，从而大大降低了煤炭粉尘(图1-13)。

图 1-12　荷兰阿姆斯特丹港纸浆喷洒车作业

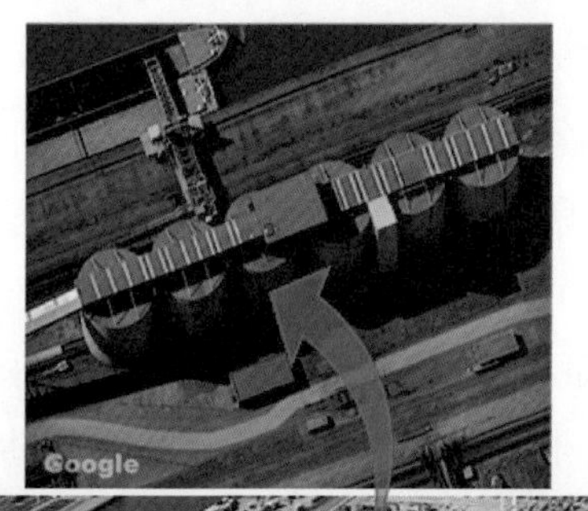

图 1-13　荷兰鹿特丹港大型煤炭筒仓

1.2.4　亚洲煤炭港区粉尘控制技术现状

亚洲是七大洲中面积最大、人口最多的一个洲，其经济发展迅速，是地区生产总值总量世界占比最高的大洲。煤炭是亚洲地区的主要燃料，世界主要煤炭生产和消费国集中在亚洲地区，且进出口数量也非常可观。主要生产国有中国、印度、印度尼西亚、哈萨克斯坦，主要消费国有中国、印度、日本、印度尼西亚、韩国、越南。日本和韩国作为亚洲重要的煤炭净进口国家，印度尼西亚作为亚洲重要的煤炭净出口国家，均在亚洲煤炭贸易市场中占据重要的位置。下面，以煤炭港区粉尘控制和环境保护做得较好的日本和韩国为例进行介绍。

日本 2020 年进口了 1.74 亿 t 煤炭，是仅次于中国和印度的世界第三大煤炭进口国。日本消耗的煤炭几乎都是(99%)靠进口，其主要煤炭供应国有澳大利亚、印度尼西亚、俄罗斯、美国和加拿大。日本的煤炭发电份额约占总发电量的三分之一，高于 2011 年福岛核事故之前的水平，使 2011 年之后的煤炭进口量也有大幅增加。日本的主要煤炭港口有名古屋港、大阪港、川崎港、小名滨港、鹿岛港等。为了打造清洁的煤炭港口，日本主要采取以下粉尘控制技术：煤堆场四周设置挡土墙、防风网和防护林，可以起到降低堆场风速、防止产生空气涡流的作用；对特别容易扬尘的煤种和环境，采用覆盖防尘苫布的方法；采用密闭的管道输送机进行现场煤炭运输；设置喷水装置，包括接收干燥状态的煤炭时避免扬尘的喷水，以及煤炭储存时喷淋装置的自动洒水；在传送带及堆场上喷洒抑尘剂；安排洒水车巡场，保持堆场和码头地面湿润；卡车离场要进行洗车和洗轮胎；设置雨水利用的大型水处理装置，处理水用于堆场洒水及洗车；堆场喷枪产生的废水和现场设施产生的废水要在废水处理设备中进行凝结沉淀并过滤煤渣，处理后将其存储在水箱中再次用作防尘用水，分离出来的煤尘也要进行回收(图 1-14、图 1-15)。

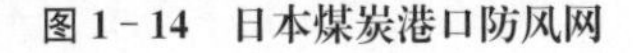

图 1-14 日本煤炭港口防风网

图 1-15 日本煤炭港口卡车离场清洗

韩国在中国、印度和日本之后，是世界排名第四的煤炭进口国，其进口煤炭主要来源于澳大利亚、印度尼西亚、俄罗斯、加拿大和哥伦比亚。与中日相比，韩国更加依赖进口煤炭，主要用于发电和工业生产。韩国的主要煤炭港口有仁川港、光阳港、浦项港、平泽港、蔚山港等。为了响应政府关于降低空气中颗粒物含量的政策和改善地区环境，韩国煤炭港口主要采取以下粉尘控制技术：为了从根本上防止粉尘的散布，近几年陆续建设大型煤炭筒仓群，如光阳港从 2012 年到 2017 年陆续建成了共 23 个大型煤炭筒仓，单仓容量 5 万 t；露天堆场地面以混凝土铺装，四周布置防风网，对煤堆进行覆盖或喷涂表面硬化复合材料；对易起尘的煤种进行泡沫抑尘剂喷洒覆盖,能够减少在煤炭装卸过程中散落粉尘的发生;采用除尘器、自动喷淋系统,将扬尘降到最低;采用各种抑尘设备,在堆场里和道路上洒水;采用汽车轮胎自动清洗设备;在现场安装空气质量测量站和粉尘分析仪实时监控空气质量和粉尘浓度,并在现场巡逻中使用移动监控系统,以发现并及时改善环境风险点(图 1-16)。

图 1-16　韩国煤炭港口粉尘控制技术

纵观上述经济发达国家煤炭港口粉尘控制,均在装卸、堆存、运输环节采取了措施,一些经验值得我们借鉴。同时也应看到,国外煤炭港口一般规模不大,且得益于较有利的气候条件、到港煤炭条件等,粉尘控制效果较好。而对于我国北方规模巨大、周转快速的煤炭港口,以及干燥少雨、冬季冰冻、淡水资源匮乏的环境,如何能够有效控制粉尘污染需加以深入研究。

基于此,本书在对标国外先进煤炭港口粉尘控制技术的基础上,针对我国煤炭港口粉尘控制技术存在的问题和困境,通过大量现场实测、理论分析、数值模拟及物理模型试验等研究,总结凝练形成煤炭港区粉尘控制成套技术。后续章节将按"污染分析—源头控制—过程控制(含输送、堆存、装船等)—智能监测控制—相关配套(含粉尘回收利用、水资源利用)—实施案例"的脉络对该技术内容逐一展开阐述。

第 2 章

煤炭港区粉尘污染分析

为切实解决煤炭港区粉尘污染问题，有的放矢地消除工艺系统各环节逸尘、扬尘的漏点，首先要对煤炭港区粉尘污染原因进行分析，主要包括粉尘来源及粉尘产生主要部位分析。

2.1 粉尘来源

粉尘污染是煤炭港口普遍存在的问题，煤港粉尘污染排放主要包括静态堆存排放和动态作业排放两个方面。

粉尘具有漂移运动特性，且在不同的风速条件下，不同粒径的粉尘呈现出不同的存在方式，见表 2－1。露天堆场堆放的煤炭构成了港口扬尘污染的主体，同时由于沿海港区往往地势平坦、风力较大，更易引起较多扬尘。

表 2－1　粉尘运动特性表

粉尘颗粒大小	风速/(km/h)		
	8(2 级)	16(3 级)	32(5 级)
10 μm 级	悬浮空中	飘行数十千米	飘行百千米
20 μm 级	部分悬浮空中	悬浮空中	飘行百千米
100 μm 级	部分悬浮空中	大部分悬浮	飘行数十千米
150 μm 级	静止	部分跳滚	大部分跳滚

此外，煤炭在堆取料、装卸船、装卸车和水平输送转接过程中，松散的物料不断受到挤压，把物料间隔中的空气猛烈挤压出来，当这些气流向外高速运动时，由于气流和粉尘的剪切作用，会带动粉尘一起逸出。粒状物料在空中高速运动时，会带动周围空气随其流动，这部分空气即为诱导空气。例如，皮带机落料管中的物料由高处下落时，由于物料粉尘和空气的剪切，被挤压出的高速气流会带着粉尘向四周飞扬，同时诱导空气会将粉尘充满整个空间，形成更大危害。煤炭港口装卸流程长，卸车、堆取、装船等操作频繁且转运点多，使港区粉尘污染的影响范围更大、时间延续更长，给粉尘污染治理带来了困难。

2.2 粉尘产生主要部位

国内煤炭港口从 20 世纪 80 年代发展至今，港区环保设计一直在不断完善，从最初仅设置堆场堆取料机洒水、转接机房干式布袋除尘、堆场喷枪洒水等发展到堆场四周设置防风网、转接机房和翻车机房设置干雾抑尘设备等，除尘抑尘效果逐步提高，但均未彻底解决煤炭港口的粉尘污染问题。尤其是传统的湿式抑尘设施，由于北方冬季防冻问题难以解决而影响除尘效果。

对煤炭装船港而言，煤炭经铁路运输至港口，进港第一步是在翻车机房将列车车厢内的煤翻落，经振动给料机送至底层皮带机，再输送至各堆场堆存或直接进行装船。煤炭港区粉尘产生的部位、区域较多，产生的原因也各不相同。经现场多年的运行观察，确认煤炭港区重点起尘部位包括翻车机房、转接机房和皮带机头部、堆取料机、装船机等装卸、转接点，堆场、道路、堆场两端空地、其他裸露空地等存在煤炭粉尘的区域，以及被收集后的粉尘因处理不当而产生二次扬尘的部位，各部位粉尘产生的原因不尽相同。

1）翻车机房

在翻车机作业时，起尘部位主要分为两个区域：第1区域是翻车机房底层的活化给料机区域，活化给料机与输送皮带之间的部分在传统设计中是开放性的，故在漏斗给料时产生的诱导空气会将煤炭中的细颗粒粉尘带起并外逸，造成粉尘四处弥散；第2区域是翻车机房地面层，在翻车机翻转车厢作业时，煤炭快速翻卸至漏斗，与漏斗壁之间产生剧烈碰撞，带动周围空气形成冲击气流，造成大量煤尘从漏斗冲出并向上扩散，形成大面积粉尘污染（图2－1、图2－2）。传统设计是在翻车漏斗上口倾翻侧单侧设置洒水抑尘喷嘴，但受到煤炭品种、喷嘴开启时间点、喷水量，特别是水雾粒径等因素的影响，不能完全遏制漏斗口粉尘的逸出，且倾翻侧对侧的粉尘逸出也很严重。

图2－1　翻车机翻转初期粉尘从侧面逸出

图 2-2 翻车机完全翻转后粉尘大面积逸出

2）转接机房、筛分塔等

转接机房、筛分塔等落差转接点也是重点起尘部位。由于煤炭在转接机房、筛分塔等处改变了输送方向、产生了落差，因此在转接点极易产生冲击气流和诱导空气，将煤中的细颗粒吹起而形成扬尘。传统设计一般在转接点设置布袋除尘器，但由于转接处密封很难做得严密，扬尘在转接点溜筒内得不到有效封闭和抑制，往往从四周外逸，污染了周围环境（图 2-3）。

图 2-3 筛分塔作业时粉尘外逸

3）皮带机头部

专业化煤炭港口的输送主要依靠皮带机，在其输送过程中，输送皮带表面会残留煤尘和煤泥并附着于皮带上。在皮带转至回程时，这些附着物有很大一部分会洒落到回转处地面，煤泥风干后就会随风起尘，故地面清扫不及时就会对周边环境造成污染（图2-4）。在北方冬季，洒落的煤泥还可能在地面结冰，给清扫工作造成更大困难。传统设计在皮带机头部设有1～2道皮带清扫器，但清扫效果不佳。

图2-4　皮带机回程皮带在地面洒落大量煤泥

4）堆取料机、堆料机、取料机

堆取料机或堆料机在堆料作业时，煤炭由高处落至低处，存在较大落差，在风力作用下，细颗粒粉尘极易形成扬尘，飘散在周围空气中，对港区环境质量造成破坏（图2-5）；另外，取料斗快速转动取料，也会对煤尘造成较大扰动，从而形成扬尘，污染环境。传统设计在堆料机、取料机或堆取料机头部都设有洒水喷头，堆取料的同时进行洒水，但受风速、煤炭品种、喷水量及水雾粒径等因素影响，抑尘效果参差不齐，有的不甚理想。

5）装船机

传统设计在装船机头部同样设有洒水喷头，装船的同时进行洒水，但同样受到风速、煤炭品种、喷水量及水雾粒径等因素影响，抑尘效果不理想（图2-6）。同时经现场长时间观察发现，装船机还存在漏煤并起尘现象，主要集中在两个部位，分别是尾车物料转接处和臂架悬臂回程皮带处。装船作业时，装船机悬臂皮带导料槽处由于封堵围挡不严密，存在煤炭洒落现象；同时，含水率较大的黏煤还会残留在皮带上，悬臂皮带在回程时煤泥洒落现象更为严重，清理不及时就会对周边环境造成污染。

图 2-5　堆料机堆料时粉尘污染

图 2-6　装船机装船时粉尘污染

6）堆场

煤炭在露天堆场处于静态堆存状态，受风力、空气湿度、煤炭含水率等因素的影响，在风速超过煤炭颗粒起动速度后，堆垛表面的煤尘就会起动并在空气中形成悬浮状态，随风飘散；同时，由于堆场占地面积大，因此粉尘污染影响范围较广（图 2-7）。

图 2－7　煤炭露天堆场扬尘

目前，国内外控制堆场扬尘的主要技术措施是向堆垛表面洒水及在堆场周围设置防风网。洒水抑尘是一种简单易行且效果良好的抑尘方式，在国内外被广泛采用。该方法的弊端是用水量大、喷洒不均匀，特别是对北方淡水资源比较匮乏、冬季冰冻的地区，不易保证其抑尘效果。

传统设计中的煤炭堆场均设置了洒水喷枪，但其只是对堆垛表面进行补水，若喷淋间隔时间长、气温高，会造成水分蒸发；而如果喷水量大又易形成径流、浪费水源；同时受风力、风向影响，喷淋覆盖范围容易缺失。

防风抑尘网对降低煤堆场风速、减少堆垛起尘量发挥了重要作用，但防风网降低风速的影响范围有限，如果堆场长度过大，防风网并不能彻底解决堆场起尘问题。

7）道路、堆场两端空地及其他裸露空地等

在风力的作用下，露天堆垛表面的煤炭颗粒有一部分会在周围道路、堆场两端空地、其他裸露空地处洒落；同时，在汽车装卸转场的作业中也会有部分煤炭洒落在上述区域，经轮胎碾压等会形成细小煤尘颗粒分布在地表上。这部分煤尘如未及时清理，将在风速到达一定速度时被再次吹起，形成悬浮于空中的粉尘。因此，这些区域也是一个需要重点关注的污染源（图 2－8）。

8）粉尘收集后的二次扬尘

煤炭港区硬化后的道路、空地等区域一般均采用清扫车进行机械化清扫，布袋除尘器、静电除尘器等除尘设备也会定期清理收集粉尘。传统操作中，机械化清扫、除尘设备

图 2-8　场内汽车转运粉尘污染

清理等收集的煤粉会被简单地运至堆场归垛，但由于这些回收物大多是细颗粒煤炭，回放在堆垛表面，一经扰动很容易再次形成扬尘，造成二次污染。

综上可知，煤炭在港区作业的过程中，既会在静态堆存状态下产尘，也会在动态装卸状态下产尘。因此，粉尘控制设计应贯穿装卸作业各环节，其中由源头解决粉尘污染问题又是研究工作的重中之重。

第3章

煤炭港区粉尘源头控制

煤炭港区传统粉尘控制措施主要基于“哪里起尘哪里洒水”的思路，在翻车机房、转接机房、堆场、装船等各个环节设置洒水除尘装置。该方式不仅造成洒水除尘设备多、成本高、管理复杂等问题，而且很难做到煤炭与水均匀混合，除尘效果一般。采用封闭堆存方式能够解决煤炭在存放过程中的扬尘问题，但对已建堆场及在装载转运过程中产生的煤尘无效。故需更新理念，探求通过一次洒水解决全流程的煤炭扬尘本质问题，研发一种适合装船下水煤炭港区的粉尘源头控制技术，从源头上彻底抑制煤尘的产生。

3.1 粉尘源头控制抑尘机理

3.1.1 煤炭起尘机理

通常煤炭起尘分为两大类：① 由风对煤堆表面的作用产生的静态起尘，主要与煤炭表面含水率、煤炭颗粒组成、作用在煤堆场表面风速、风产生的涡流因素等密切相关；② 在采用机械设备进行堆取料和转运等过程中的动态起尘，主要与堆取料和转运作业落差、装卸强度等有关。

堆场静态起尘机理是，当外界风速达到一定强度时，使煤堆表面颗粒产生的向上迁移的动力足以克服颗粒自身的重力和颗粒之间的摩擦力，以及其他阻止颗粒迁移的外力，煤炭颗粒会离开堆垛表面而扬起，进入空气流中随气流扩散、沉降。此时的风速称为起动风速，只有当外界风速大于起动风速时，堆场才会起尘。煤炭堆场静态起尘量可按下列公式计算：

$$Q_1 = 0.5\alpha\,(U - U_0)^3 S \tag{3-1}$$

$$U_0 = 0.03 \cdot e^{0.5w} + 3.2 \tag{3-2}$$

式中 Q_1——堆场起尘量(kg)；

α——货物类型起尘调节系数，精煤类取 1.2，原煤类取 0.8；

U——风速(m/s)，多堆堆场表面风速取单堆的 89%；

U_0——混合粒径颗粒的起动风速(m/s)；

S——堆表面积(m^2)；

w——含水率(%)。

从式 3-1、式 3-2 中可以看出，堆场静态起尘量主要受起动风速影响，而起动风速主要受含水率影响。一般来说，煤炭含水率越高，煤炭颗粒扬尘所需的起动风速越大，堆场静态起尘量越少。

动态起尘发生在堆、取料和转运等多个作业环节，堆取、转运过程中粉尘颗粒处于运动状态，没有风力作用也会因为粉尘与空气发生相对运动而起尘，称为动态起尘。煤炭装卸动态起尘量可按下列公式计算：

$$Q_2 = \alpha\beta H e^{\omega_2(w_0 - w)} Y / [1 + e^{0.25(v_2 - U)}] \tag{3-3}$$

式中　Q_2——作业起尘量(kg)；

β——作业方式系数，装堆(船)时，$\beta=1$，取料时，$\beta=2$；

H——作业落差(m)；

ω_2——水分作用系数，与散货性质有关，取 0.40～0.45；

w_0——水分作用效果的临界值，即含水率高于此值时水分作用效果增加不明显，与散货性质有关；

Y——作业量(t)；

v_2——作业起尘量达到最大起尘量 50%时的风速(m/s)。

从式 3-3 中可以看出，煤炭装卸动态起尘量主要与装卸强度和作业落差有关，一般可以采取减小作业落差的措施降低起尘量，同时还可以看出含水率也对动态起尘量有影响，当含水率小于临界值时，装卸动态起尘量随含水率的增加而减少。

综上可以看出，煤炭含水率对静态起尘量和动态起尘量均有影响，通过控制煤炭含水率，可以实现最大程度抑制露天堆场及在堆取转运过程中产生的煤尘污染。

3.1.2　含水率对煤炭起尘影响

1) 含水率对煤炭颗粒起动风速的影响

王建峰等在《水分对港口煤炭粉尘起动风速的影响研究》中，通过风洞试验对 45～75 μm(平均 58 μm)、75～125 μm(平均 97 μm)、125～250 μm(平均 177 μm)、250～500 μm(平均 354 μm)和 500～1 000 μm(平均 707 μm)5 个不同粒径范围煤炭颗粒在不同含水率下的起动风速进行了研究，结果如图 3-1 所示。从图 3-1 中可以看出，小于 500 μm 的煤炭颗粒普遍存在随着含水率提高，其起动风速显著增加的现象；极细小的煤炭颗粒，其起动风速随着含水率提高迅速增加；粒径大于 500 μm 的大煤炭颗粒，其起动风速几乎不随含水率提高而变化。因此，临界起动风速不仅与含水率有关，还与粒径有关，含水率对小粒径颗粒的影响比大粒径颗粒明显。

含水率对煤炭颗粒起动风速的影响表现为亲水效应和凝聚效应。亲水效应是由于颗粒表面带电荷，而水分子具有极性，故颗粒具有亲水性，煤炭颗粒会与水分子结合形成新颗粒，其质量增加而体积变化可忽略不计，从而增加了起尘阻力，提高了起动风速。凝聚效应是水分子将相邻的煤炭颗粒凝聚在一起形成更大的颗粒，此时起动风速反映了更大颗粒的物理行为；而且由于大颗粒比表面积小，颗粒表面之间的吸附作用小，含水率提高不会促成更大煤炭颗粒出现，但细小的煤炭颗粒会因含水率提高而凝聚成较大煤炭颗粒，因此含水率对较大颗粒的影响不明显，对较小颗粒影响较大。

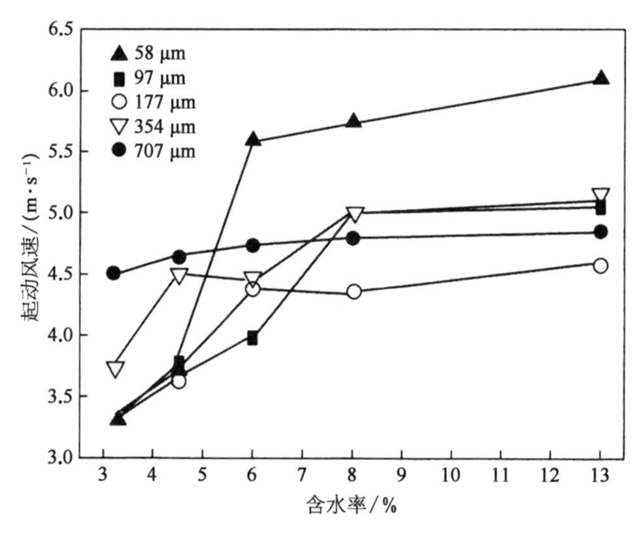

图 3-1 不同粒径不同含水率煤炭颗粒的起动风速[17]

2）含水率对煤炭起尘量的影响

由以上研究可知，煤炭颗粒起动风速越大，堆场起尘量越少，结合含水率对煤炭颗粒起动风速的影响，可以得到含水率对堆场起尘量的影响。通常情况下，煤炭含水率越大，水分对煤炭粉尘颗粒的黏结作用就越强，粉尘积聚在一起比重增大，起尘量也就减少。同理，煤炭含水率越小，起尘量就会增加。对不同粒径的煤炭粉尘颗粒，煤炭含水率的作用也不尽相同，粒径小的颗粒，其含水率对起尘的控制作用明显。此外，当煤炭含水率较小时，煤炭起尘量随含水率的增大而快速减少。但如果煤炭颗粒含水率大于某个值时，煤炭起尘量减少的变化出现拐点，拐点之后随着含水率的增加，起尘量减少的变化很小。这个拐点处的煤炭含水率，就是在治理粉尘污染过程中，控制煤炭洒水量的最佳含水率。在该最佳值下，既能最大限度地起到抑尘作用，又不会造成水资源的浪费。为了得到煤炭抑尘的最佳含水率，国内多家学者通过风洞试验和现场观测，对煤炭起尘量随含水率的变化规律进行了研究。

（1）多家学者风洞试验结果。

图 3-2 给出了起尘量随含水率变化的多家学者风洞试验结果，试验风速范围为 5～8 m/s。可以看出，各家资料起尘量随含水率变化的拐点都在含水率为 4%左右，小于该值后起尘量随含水率的减小而快速增加。

（2）一航院风洞试验结果。

一航院通过风洞试验研究了煤炭单个堆垛在 9 m/s 和 12 m/s 风速下起尘量随含水率的变化规律。试验用煤种为烟煤，煤颗粒粒径范围为小于 6 mm，试验由一航院委托天津大学在交通运输部天津水运工程科学研究院风工程中心的风洞实验室进行，如图 3-3 所示。

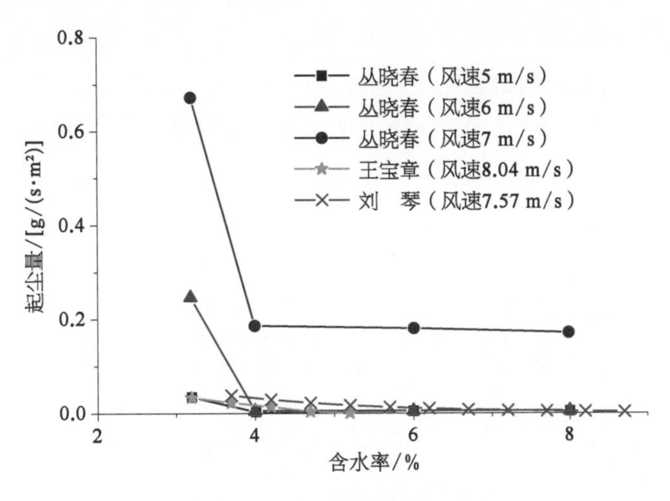

图 3－2　起尘量随含水率的变化

图 3－3　风洞试验图

结果如图 3－4 所示，煤的起尘量随含水率的增加而降低，但在较低含水率下起尘量变化较快。而随着含水率的增加，变化速度趋缓，起尘量随含水率变化曲线存在拐点，拐点位置为 5%～7%。

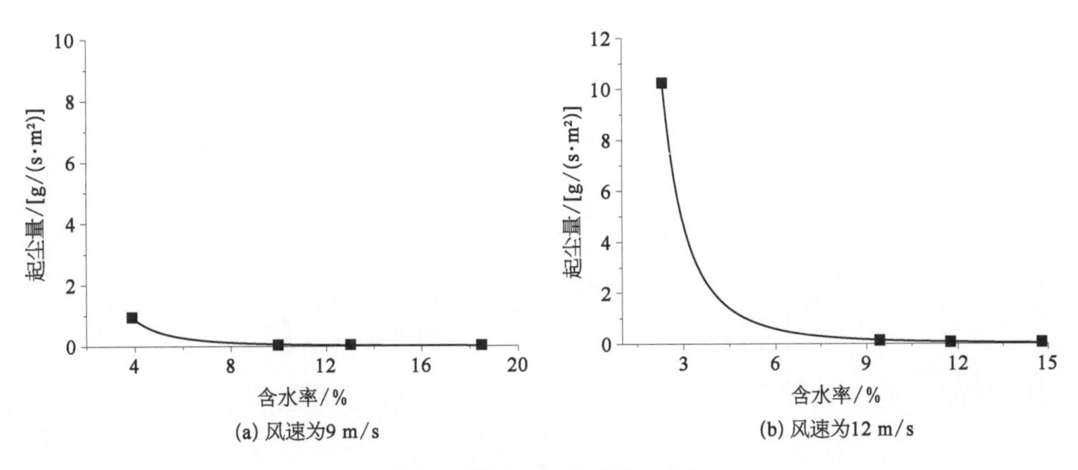

图 3－4　煤的起尘量与含水率关系

(3) 风洞试验结果汇总。

图 3-5 汇总了各家风洞试验结果,通过对比可以看出,起尘量随含水率变化的拐点位置与风速大小有关。风速大时,拐点向含水率增大方向移动。如一航院试验风速为 9 m/s,拐点位置含水率约为 6%;而其他研究试验结果风速较小,拐点位置含水率约为 4%。

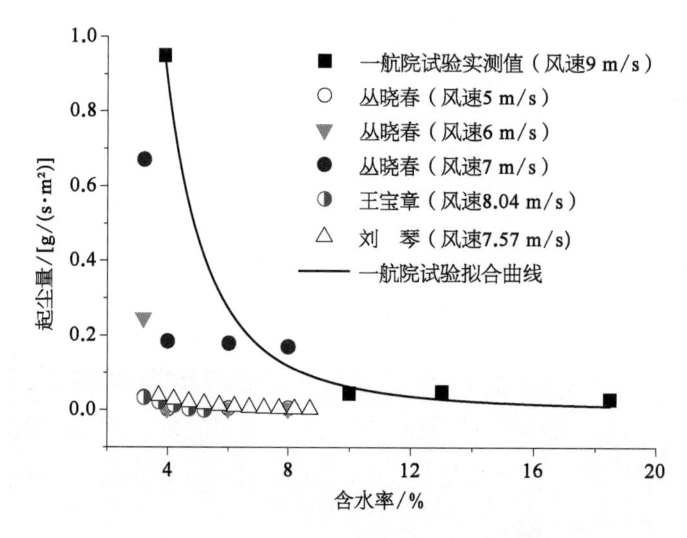

图 3-5 煤炭风洞试验起尘量随含水率变化实测结果对比

(4) 中交水运规划设计院现场观测结果。

中交水运规划设计院曾通过现场静态试验,验证了煤堆表面含水率与起尘量之间的关系。当风速为 2 m/s 时,通过洒水调整煤堆的表面含水率,测定了与煤堆距离为 3 m 处一固定点的 TSP(总悬浮颗粒数)、PM10 和 PM2.5 浓度值。从图 3-6 中可以看出,随着煤堆表面含水率的提高,煤炭表层起尘量(TSP、PM10 和 PM2.5)均呈下降趋势,抑尘效果非常明显;当煤堆表面含水率超过 6.3%以上时,再对煤堆表面继续洒水增大含水率,含水率对扬尘的抑制效果变化不再明显。因此,在风速为 2 m/s 时,有利于抑尘的煤堆表面最佳

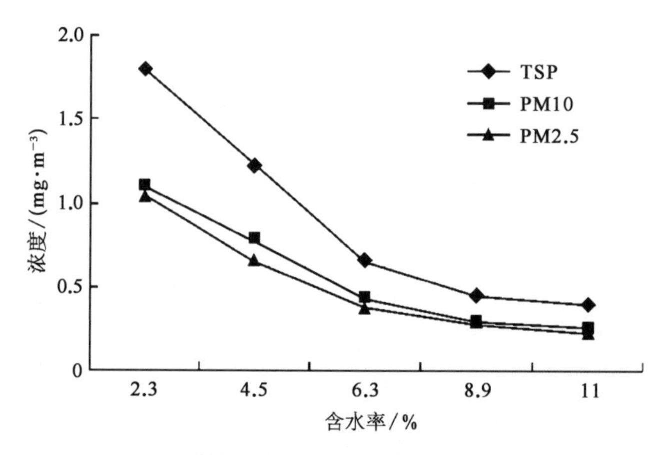

图 3-6 煤堆表面含水率对表层起尘量的影响[26]

含水率为 6.3%。当风速为 3 m/s、4 m/s、5 m/s 时，最佳含水率分别为 6.8%、7.3%、8.1%。实际工程中需要根据堆场煤垛的煤炭种类、颗粒大小和现场风速等环境条件，合理确定煤堆表面的最佳含水率。

（5）京唐港区煤炭堆场现场观测结果。

大连理工大学 2008—2009 年对京唐港 3 000 万 t 煤炭泊位(32＃—34＃)码头煤堆场进行了空气 TSP 浓度的现场观测，针对单个煤堆观测了 TSP 浓度随含水率的变化规律，煤种为聚鑫混。将水规院与大连理工大学的两份实测结果一并进行回归分析，结果如图 3－7 所示。可以看出，TSP 浓度随含水率增大而减小的趋势明显，曲线的拐点位置约在含水率为 6%处。

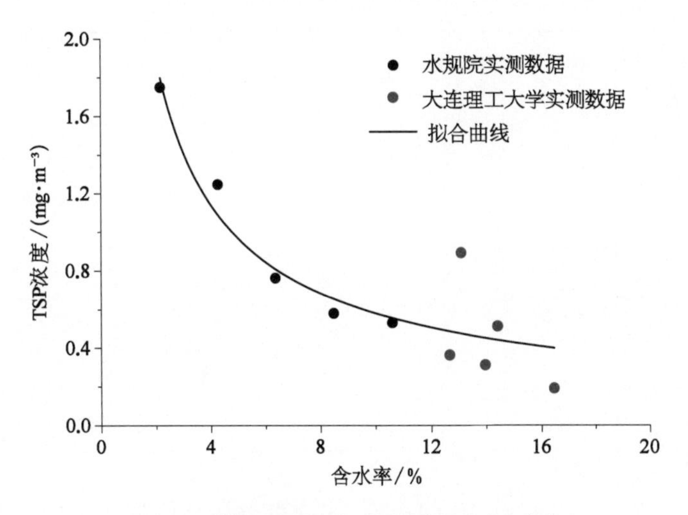

图 3－7　煤堆场实测空气 TSP 浓度随含水率变化

经过试验数据支持和反复实践，可得出以下结论：

① 对煤堆的表层进行洒水，煤炭的表面含水率不能少于 6%，否则无法保证洒水抑尘效果。

② 煤堆洒水后，煤炭的表面含水率不宜高于 11%。因为煤炭颗粒与水分子相容性较差，对煤炭表面洒水时，除了湿润煤炭表面的颗粒物外，剩下的水量会通过径流或渗透方式排放，起不到除尘效果；当煤炭的表面含水率高于 11%时，多余的水会产生径流造成浪费。

③ 当煤炭的表面含水率达到有效抑尘拐点，一般为 6%左右时，煤炭在装卸过程中基本可以实现不起尘。

3.1.3　粉尘源头控制洒水量研究

经过以上研究可知，煤炭的表面含水率对煤炭起尘量有直接影响，当煤炭的表面含水率达到一定数值时能够使细小颗粒有效增加起动阻力，从源头上抑制粉尘的产生。根据该原理，研发了适合煤炭港区的粉尘源头控制技术，通过控制初始洒水量使煤炭达到最佳表面含水率，以达到从源头上彻底抑制煤尘产生的目的。

为了得到煤炭抑尘的控制洒水量，在黄骅港煤炭港区针对不同种类的煤炭进行了多次试验。通过调节煤炭洒水量，并对堆场堆料机堆煤作业过程中周边粉尘浓度进行监测，分析不同洒水量对煤炭港口生产过程中扬尘的抑制效果。

试验选取 7 种煤炭，分别是神混 1、神混 2、低灰、神优 1、神优 2、准 1 和准 2。对以上 7 种不同产地、不同煤质的煤炭进行试验，洒水量分别按照煤炭总质量的 3‰、4‰、5‰、6‰、7‰、8‰和 9‰设定，在堆料点下风口位置按规范要求安装监测设备，测量煤炭粉尘浓度。具体测试结果见表 3-1。

表 3-1　煤炭粉尘颗粒物排放值测试结果　　单位：mg/m^3

洒水量	神混 1	神混 2	低灰	神优 1	神优 2	准 1	准 2
煤炭总质量 3‰	18.9	19.8	29.7	22.7	20.7	23.4	21.8
煤炭总质量 4‰	17.0	16.8	23.7	18.9	16.5	19.6	18.6
煤炭总质量 5‰	11.2	12.5	16.4	10.8	12.3	12.4	12.4
煤炭总质量 6‰	7.9	8.9	9.7	7.4	8.7	7.4	9.0
煤炭总质量 7‰	4.6	4.7	4.6	4.5	4.3	4.7	4.5
煤炭总质量 8‰	3.8	3.6	3.7	3.8	3.6	3.7	3.6
煤炭总质量 9‰	3.6	3.4	3.6	3.7	3.4	3.5	3.5

通过多次试验可以得出结论：当不同煤种洒水量达到该煤炭总质量的 6‰～7‰时，堆料机堆位外粉尘颗粒物排放值约为 8 mg/m^3，远小于《港口煤炭粉尘浓度控制指标和测试方法》(JT/T 1376—2021)中所规定的堆料机作业点粉尘浓度限值(20 mg/m^3)，可以达到控制煤尘污染的目的；如果继续增大洒水量，据现场观察，皮带机会出现黏煤现象，对生产运行产生不良影响。需要说明的是，该控制洒水量主要适用于黄骅港煤炭港区，其他港区可参考使用，也可根据本港主要煤炭品种通过试验确定适合本港区的特定洒水量。

由此得出，煤炭港口要彻底解决起尘问题，有必要采取粉尘的源头控制措施，在煤炭进港第一环节就进行充分洒水，使煤炭在进港第一时间达到最佳含水率，从而在后续的港内装卸过程中才有可能做到不起尘、少起尘。

3.2　翻车机底层洒水系统

传统的洒水系统主要采取了“哪里起尘哪里洒水”的思路，各环节设置的洒水除尘设施是以抑制某一点起尘为目的，而不是以增加煤炭含水率为目的，因而做不到煤炭与水均匀混合，达到煤炭最佳含水率的效果，不能从源头解决煤炭在港区各装卸环节的起尘问题。

北方煤炭港口的作业流程决定了，煤炭进港的第一环节是翻车机翻卸环节。通过理论分析和现场试验，认为做好煤炭进港第一环节的洒水控制至关重要，在这一环节将进港煤炭的含水率一次性增加至最佳含水率并使煤炭与水均匀混合，可有效改善后续装卸环节的煤炭起尘量，从而改善港区整体环境质量，这就是粉尘源头控制理念的核心。

为了实现粉尘源头控制的目标，研发了一套与翻车机底部振动给料机相结合的自动洒水系统，在振动给料过程中使煤炭与水能够均匀混合。洒水系统能够自动监测不同品种进港煤炭的含水率，并通过控制系统自动调节洒水量，这样可确保煤炭达到最佳含水率，使后续装卸过程中扬尘降到最低，同时可有效避免洒水量过大造成浪费和其他不良影响。采用此项技术，可从煤炭港口作业工艺源头上抑制煤尘的产生，有望通过一次洒水解决全流程的煤炭扬尘问题。

3.2.1　洒水系统工艺思路

在专业化煤炭装船港装卸工艺中，铁路翻车机房是煤炭装卸流程的始端，如果在翻车机底部振动给料机部位就进行充分洒水，则可确保煤炭在通过皮带机、转接塔、堆料机等传送过程中的各个环节时，最大限度地降低煤炭粉尘的排放量。煤炭卸车进入堆场流程如图 3－8 所示。

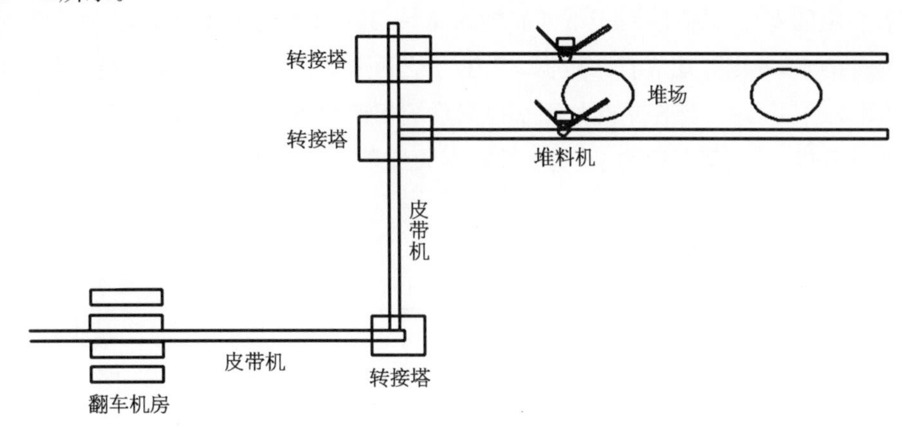

图 3－8　煤炭卸车进入堆场流程示意图

因此，从粉尘源头控制的思路出发，应建设一套与翻车机底部振动给料机相结合的分层洒水系统。在翻车机底层振动器给料漏斗和溜槽上，安装喷嘴、电磁阀等洒水设施，以实现分层洒水、均匀混合。在振动给料的过程中，通过精确控制洒水量，增加所有进港煤炭的含水率至最佳含水率，保证煤炭在后续装卸流程中不起尘、少起尘。

3.2.2　洒水系统工艺布置

每台翻车机下面一般均设有若干个卸料漏斗，在每个漏斗里均应设置洒水设施，包括供水管路及喷头，分布结构如图 3－9 所示。为了更加有效地确保煤炭与水均匀混合，采取分散布置、多处同时洒水的布置方式。洒水喷头安装在传送带上方振动给料机出口部分的内侧，煤炭落入传送带前，在振动过程中就被洒上水，这样可以充分保证煤炭与水的均匀混合，同时可以减少煤炭落在传送带时产生的扬尘。

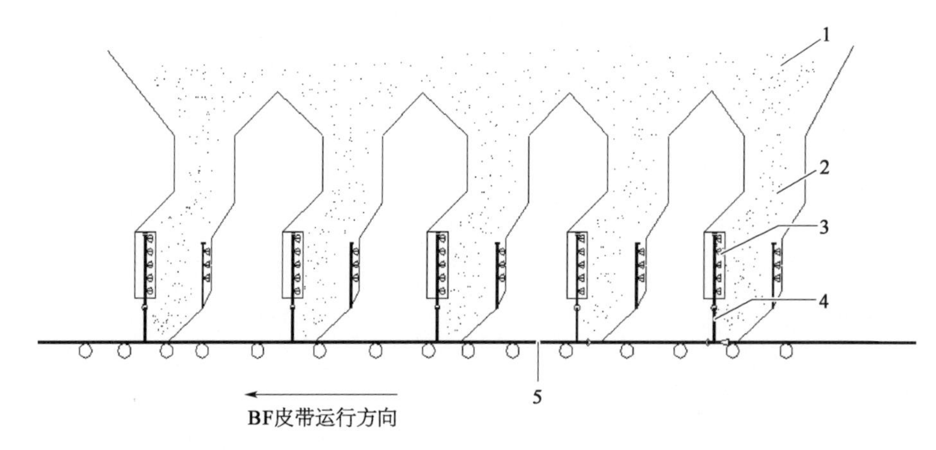

1—翻车机大漏斗；2—给料机；3—喷头；4—支路供水管；5—传送带

图 3－9　翻车机底部振动给料机洒水设施分布结构示意图

由于港口装卸的煤炭种类较多，不同的品种其本身的含水量，以及颗粒大小、成分组成存在着一定的差异。因此，对于不同品种的煤炭，其所需洒水量也不同。为了实现不同煤种的充分洒水，并更好地节省水资源，应在每条洒水支路供水管上安装电动控制阀、流量计，如图 3－10 所示。该控制阀与洒水控制系统相连，针对不同的煤种，控制系统可以调节控制阀的开度，从而调节洒水量，实现针对不同煤种的精确洒水。

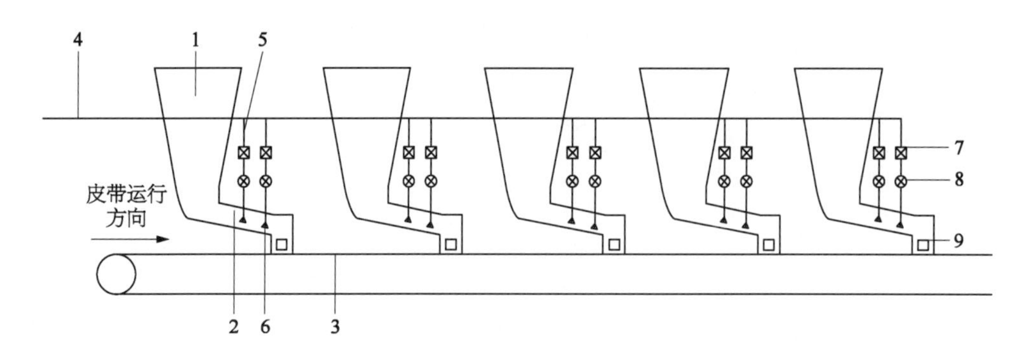

1—翻车机大漏斗；2—给料机；3—传送带；4—主供水管；5—支路供水管；
6—喷头；7—电动控制阀；8—流量计；9—水分检测仪

图 3－10　翻车机底层洒水系统洒水量控制设施示意图

3.2.3　煤炭含水率监测

传统的洒水除尘设施通常不能精确控制洒水量，存在洒水量过多或过少的问题，对生产造成不良影响。为解决这个问题，在翻车机底层洒水系统中应设置煤炭含水率在线监测装置，可根据含水率监测数据对洒水量进行自动调节，实现精准洒水，既可避免洒水过多造成煤炭黏度过大影响生产，也可杜绝洒水量不足而无法达到粉尘源头控制的目标。

如图 3－10 所示，煤炭含水率在线监测装置安装在振动给料机出口处，监测洒水后的煤炭含水率，同时将监测数据反馈到控制系统。系统将其与进港煤炭初始含水率、含水率目标值作比较，并根据比较结果自动、实时地对洒水量进行调节，形成闭环控制。

煤炭含水率在线监测装置可采用非接触微波式水分检测仪，在实现含水率实时精确监测的同时，也可为控制系统提供可靠稳定的含水率数据。微波水分检测仪是利用微波穿透来实现含水率监测的，当微波通过不同含水率的物料时，微波在传播方向上的强度及传播速度会发生一定的变化，含水量高的物料会使微波的传播速度变慢、强度减弱。微波水分检测仪测量原理就是通过监测在穿过物料后微波的这两种物理性质变化来计算物料中的水分含量。微波水分检测仪示意如图 3－11 所示，通过传送带下方的天线发射出微波信号，信号穿过煤炭后，由皮带上方安置的天线接收。然后对穿过煤炭的物料信号进行精确分析，推导出物料中水的质量分数，并将结果实时输出，反馈到控制系统及显示器上。相对于接触式水分检测装置，微波式水分检测仪具有对生产无干扰、非接触、稳定性好、维护量小、精确度高、无放射性污染的优点。

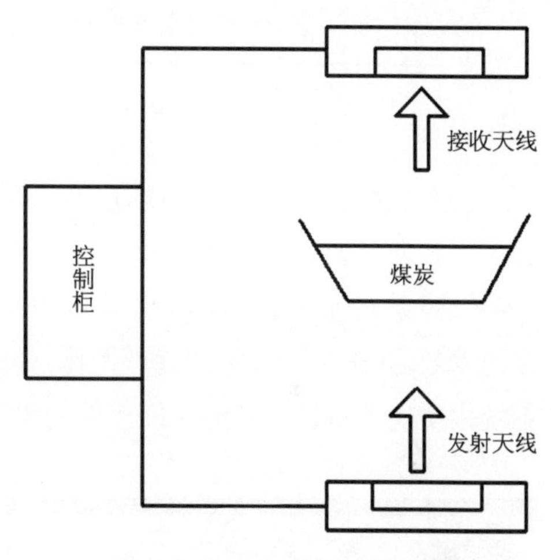

图 3－11　微波水分检测仪示意图

3.2.4　洒水智能控制系统

翻车机底部分层洒水系统集合了计算机网络技术、自动控制技术和信息管理技术于一体，其控制系统共分为 4 个部分：洒水控制及数据采集系统、PLC 控制系统、网络传输系统、终端显示及存储系统。洒水控制及数据采集系统主要由洒水管路电动阀、流量传感器及煤炭含水率监测装置等组成，系统采用流量传感器，能够实时采集管道中水流的瞬时流量值和累计流量值，通过电动阀控制洒水流量的大小，通过煤炭含水率监测装置实时监测洒水后的煤炭含水率，再由系统将各种数据实时反馈到 PLC 控制系统。PLC 控制系统为本系统的核心控制器，可采用罗克韦尔 AB 系列 PLC，具有稳定性高、抗干扰能力强等优点。网络传输系统由工业以太网构成。终端显示及存储系统在工业控制计算机上实现，工控机上装有 PLC 编程软件和操作软件。其中，PLC 编程软件在控制 PLC 运行的同时，也接收来自 PLC 发出的反馈指令；操作软件可以对现场设备进行远程监控和操作。上位机（工控机）通过管控系统数据库存储实时数据和历史数据进行优化调整，最终实现智能管控。洒水控制系统如图 3－12 所示。

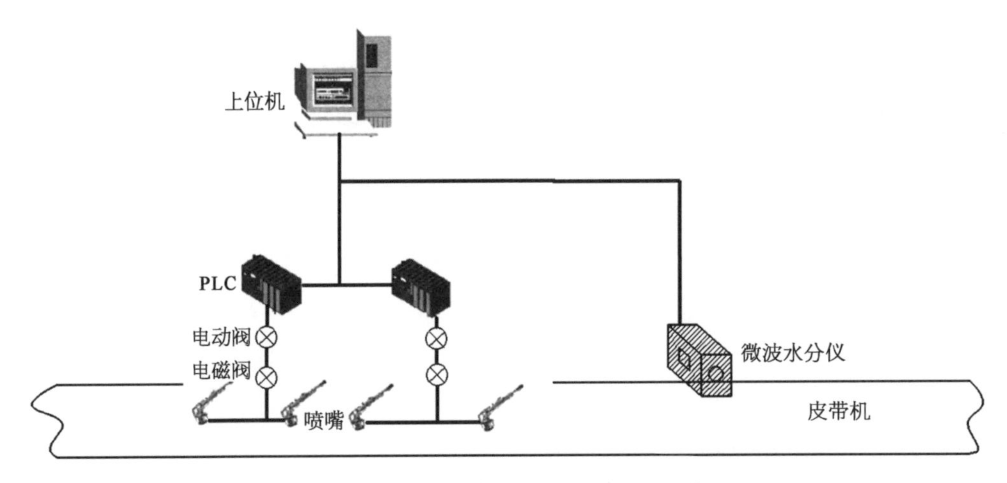

图 3-12 翻车机底层洒水控制系统示意图

翻车机底层洒水控制系统还可与港区一体化智能管控系统相结合，通过管控系统可以实时查询每列车次的洒水情况及所卸垛位信息，方便港区整体粉尘控制。在终端控制电脑上建立人机交互界面，可以监控系统的运行，包括洒水瞬时流量、累计流量、电动阀开度等参数，并可进行一定的远程操作，如图 3-13 所示。同时通过含水率监测装置，在管控系统内实现了对每列到港在卸车辆的煤炭含水率的实时监测。

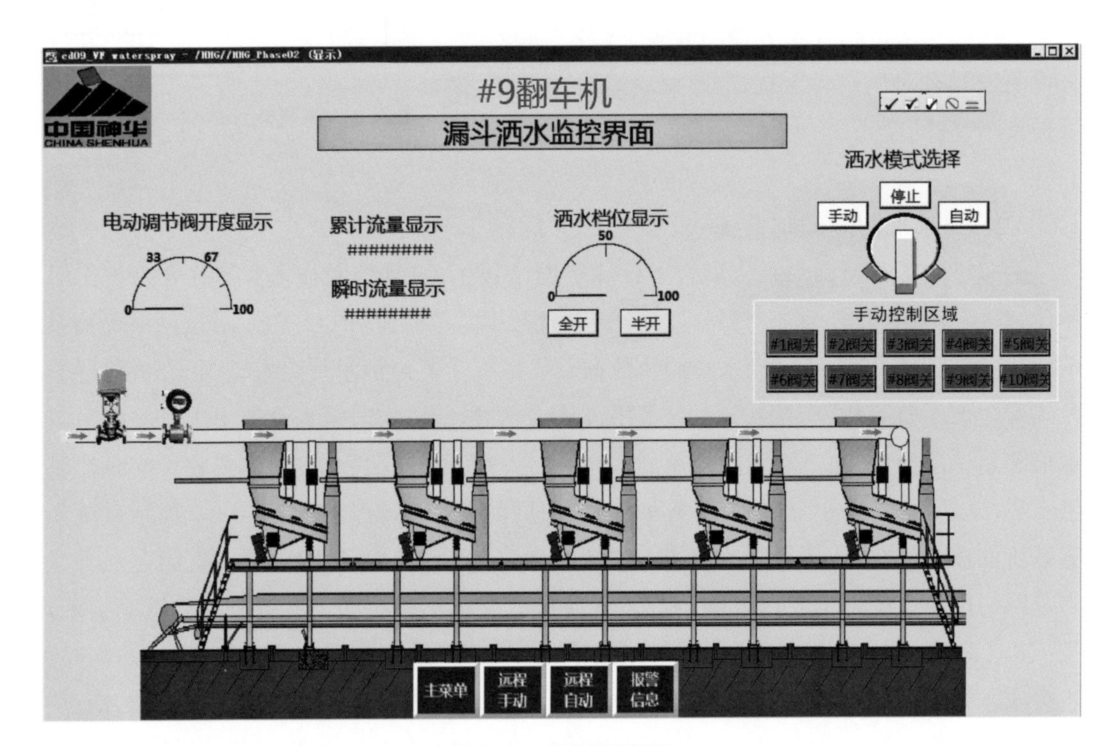

图 3-13 洒水监控界面

3.3　粉尘源头控制技术特点及实施效果

粉尘源头控制技术与传统洒水除尘技术相比，具有以下特点：

(1) 在煤炭进港之初的环节(翻车环节)，就实现了分层洒水、煤炭与水均匀混合，达到最佳含水率，从而确保煤炭后续通过皮带机、转接机房、堆料机等传送过程中各个环节时，粉尘排放达到最低，极大减轻甚至免除了以后各个环节的洒水除尘工作，有良好的抑尘效果和巨大的成本优势。

(2) 洒水系统安装在翻车机底层漏斗振动给料机内部的密闭空间内，洒水落差小，煤炭颗粒与水可充分混合，除尘水利用率接近100%，节约了水资源。

(3) 洒水位置在翻车机底部、地面以下十数米深，无采暖情况下，冬季实际温度也可保持在5℃以上，水不结冰，能够实现冬季洒水，彻底改变了北方煤炭港口冬季洒水除尘困难的问题。

(4) 洒水位置在煤炭卸车检验之前，可保证煤炭客户利益不因洒水受到损失。

(5) 结合煤炭含水率在线监测装置及洒水智能控制系统，使系统能够自动调整喷洒水量，达到粉尘源头控制的精细化、智能化。

通过增加翻车机底层洒水实现的粉尘源头控制技术实际抑尘效果十分显著，据采用此技术的黄骅港煤炭港区现场监测，皮带转接塔、装卸作业现场煤粉尘浓度较之前降低95%以上，实现了煤粉尘的超低排放。堆料作业实施前后效果对比如图3-14所示，取料作业实施前后效果对比如图3-15所示，装船作业实施前后效果对比如图3-16所示。经测量，实施后堆场TSP较实施前降低33.8%～54.9%，平均降低45.2%，监测结果见表3-2。

表3-2　粉尘源头控制技术对堆场TSP监测结果的影响

采样地点	实施前监测结果/(mg·m^{-3})	实施后监测结果/(mg·m^{-3})	降低百分比/%
一期堆场上风向	0.383	0.196	48.8
一期堆场下风向1	0.476	0.265	44.3
一期堆场下风向2	0.493	0.302	38.7
一期堆场下风向3	0.517	0.233	54.9
二期堆场上风向	0.406	0.218	46.3
二期堆场下风向1	0.584	0.277	52.6
二期堆场下风向2	0.477	0.316	33.8
二期堆场下风向3	0.496	0.288	41.9
平均值	0.479	0.262	45.2

注：表格中实施前监测结果为翻车机底层洒水系统刚开启不久，煤炭颗粒受扰动时测到的堆场TSP结果；实施后监测结果为翻车机底层洒水系统平稳运行后，煤炭颗粒与水均匀混合时测到的堆场TSP结果。

(a) 实施前　　(b) 实施后

图 3-14　堆料作业实施前后对比

(a) 实施前　　(b) 实施后

图 3-15　取料作业实施前后对比

(a) 实施前　　(b) 实施后

图 3-16　装船作业实施前后对比

第 4 章

皮带机输送系统粉尘控制

专业化煤炭港口主要通过皮带机输送系统运输和转载煤炭物料，其中转接机房和皮带机头部是皮带机输送系统的重点扬尘和洒落部位，需要深入研究其粉尘控制技术。

4.1 转接机房粉尘控制

4.1.1 扬尘产生机理

转接机房内转运点处扬尘在溜槽中的形成过程如图 4－1 所示。皮带机上的物料在通过转接溜槽的过程中，由于气流的边界效应，外部洁净的空气会与皮带机上的物料一起随着皮带的运行被吸入溜槽里面。物料从头部抛料滚筒自由落下并迅速扩散，这种扩散同时将空气混合到料流中。混合后的气流夹带着大量的煤粉尘，在通过溜槽到达皮带机边缘以及皮带回程时发生碰撞、释放和沉降，最终在溜槽底部和皮带机裙板边缘出口处被排出，形成常见的作业扬尘。

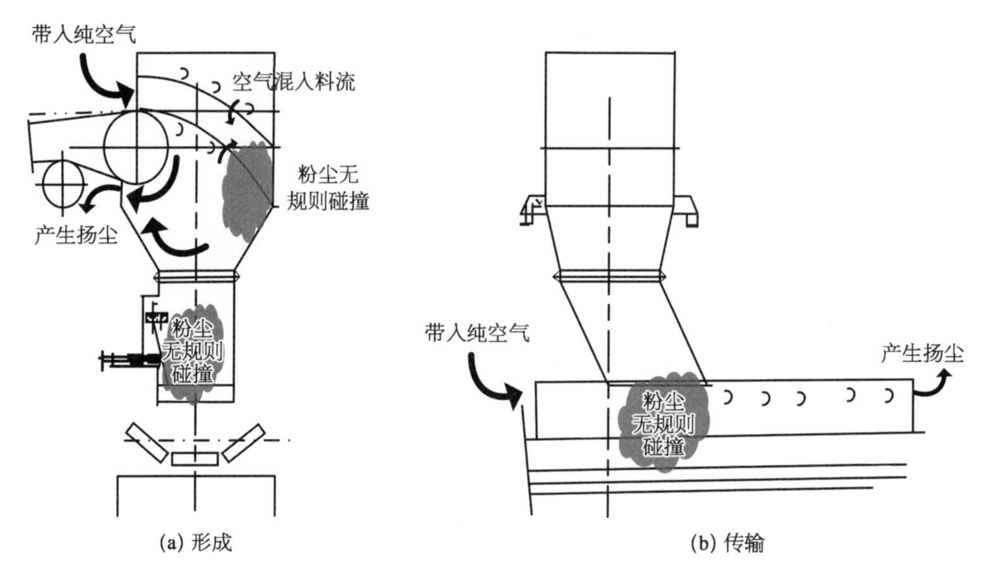

图 4－1　扬尘在转接溜槽中的形成过程[32]

4.1.2 洒落问题原因分析

洒落主要集中在各转接位置的落料点附近，由于溜槽、导料槽等转接系统难以实现对煤炭物料的有效塑形，因此料流在到达转接溜槽的顶部和底部时会发生强烈的冲击和扩散，使落料点分散。这容易导致皮带受载不均匀而发生跑偏，从而使物料从皮带边缘溢出造成洒落。而且，不规则的冲击落料也加剧了导料槽衬板的磨损及导料槽裙板的破坏。一旦导料槽衬板或裙板损坏，会使控制粉尘和物料洒落的最后一道防线失去作用，物料就会从导料槽两侧不断地溢出来。

4.1.3　粉尘控制技术

1) 进料口实现料流的柔性约束

皮带机头部卸料轨迹（图 4－2）的曲率与头部滚筒的直径、转速及物料的重力有关，当 $2v^2/(Dg) < \cos\beta$ 时，物料绕滚筒做一段圆周运动，越过最高点经 α 角度后从滚筒卸下，其运动轨迹的直角坐标方程为：

$$y = -x\tan\alpha - \frac{gx^2}{2(v\cos\alpha)^2} \qquad (4-1)$$

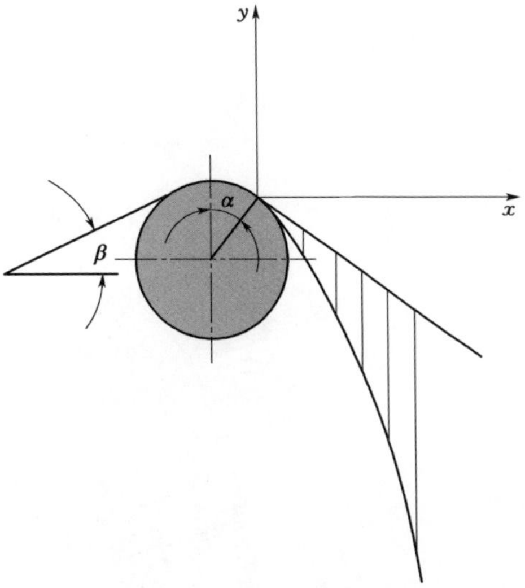

式中　x——水平横坐标值(m)；

y——垂直纵坐标值(m)；

g——重力加速度，$g = 9.81\ \mathrm{m/s^2}$；

D——皮带机头部滚筒直径(m)；

v——皮带机带速(m/s)；

α——物料开始脱离头部滚筒的位置角(°)；

β——皮带机与水平面的倾斜角(°)。

图 4－2　头部卸料轨迹图

α 值随带速和滚筒直径而变化，不同带速和滚筒直径下的物料抛离点位置角可按式 4－2 计算：

$$\cos\alpha = \frac{2v^2}{Dg} \qquad (4-2)$$

对转接机房顶部的抛料滚筒处的进料口，在其上方加弧形导流板，并根据物料在转接漏斗中的卸料轨迹来确定导流板的导料弧度，对物料改向和卸料处的高冲击点进行圆弧曲线过渡，从而最大限度地保证物料沿卸料弯槽的切面方向运动，减小对物料前进速度的影响，降低物料在方向改变过程中对设备的冲击，实现对料流的柔性约束（图 4－3～图 4－5）。

2) 模拟仿真控制物料运动路径

对溜槽中部易严重磨损的区域，由于其不便于整体更换，应考虑局部替换的可能。通过物料输送过程的模拟仿真确定出剧烈磨损区域的范围，将此区域设置成法兰连接模式，当此区域出现磨损需要修复时，仅需通过法兰连接段拆卸，对其进行整体更换或维修，从而降低维修难度，提高维修效率。

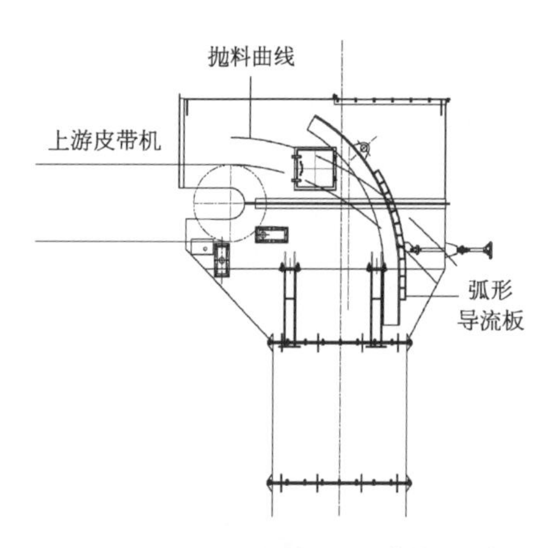

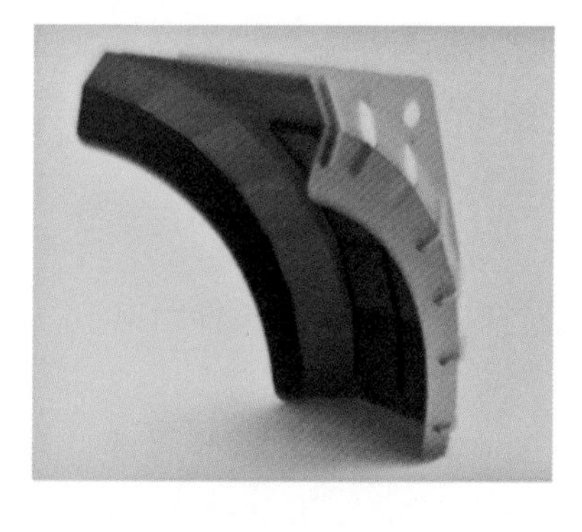

图 4-3　进料口上方弧形导流板简图及模型图

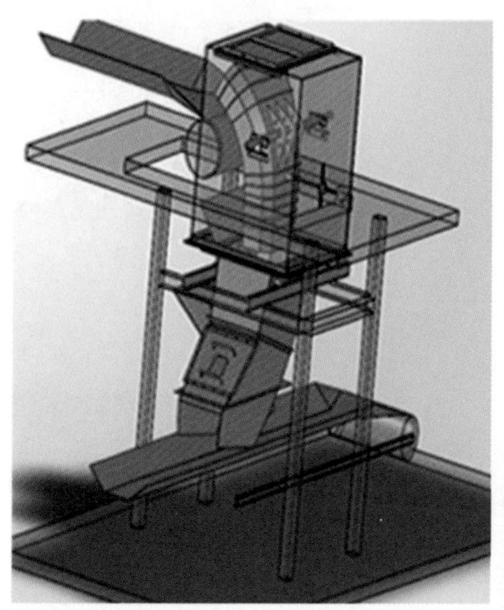

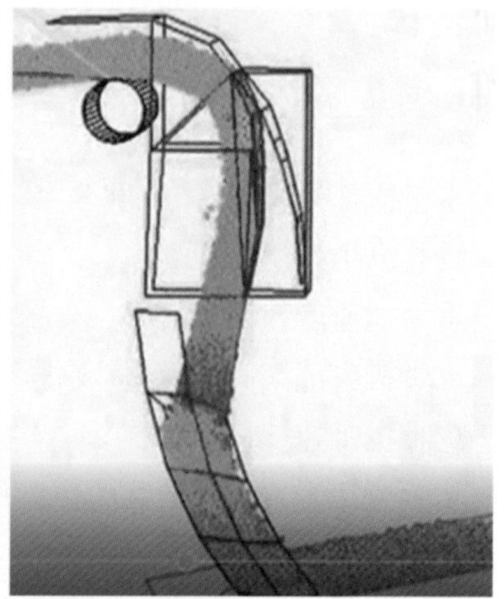

图 4-4　进料口上方弧形导流板原理示意图

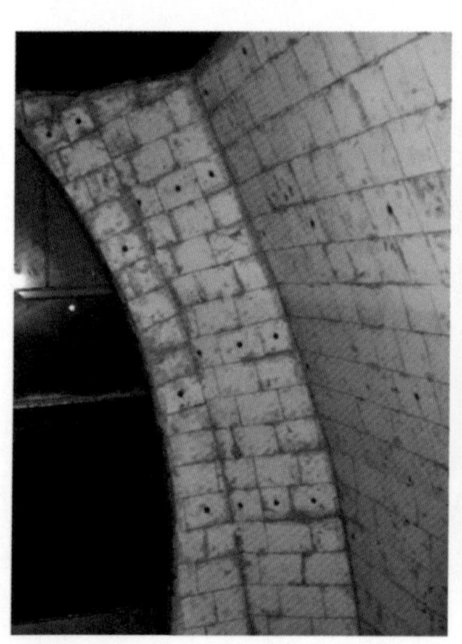

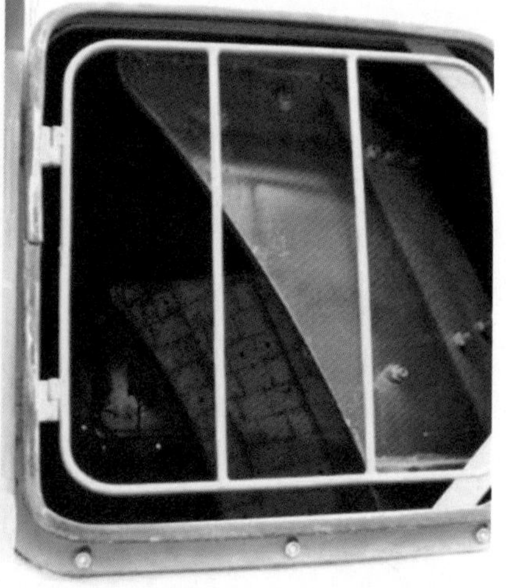

图 4-5　进料口上方弧形导流板安装图

模拟仿真可采用 EDEM 离散元素法建模软件，通过模拟和分析颗粒处理和生产操作过程中颗粒体系的行为特征，包括每个颗粒的速度、位置和碰撞等数据，来协助设备的设计、测试和优化。通过仿真软件对物料下落路径进行预测，并根据仿真结果优化溜槽路径，以达到控制物料运动路径、确定溜槽剧烈磨损区并针对性进行优化设计的目的，便于控制设备成本和日常维护(图 4－6)。

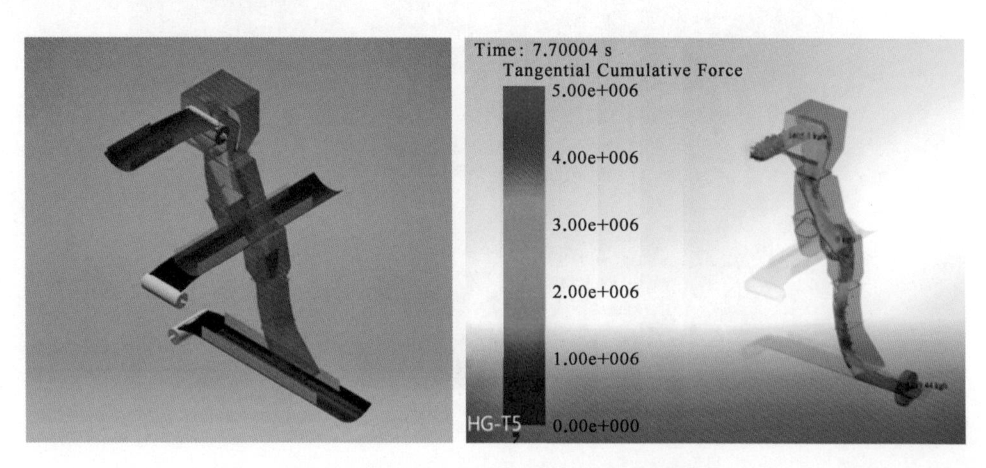

图 4－6　基于 EDEM 建模软件的离散元模拟仿真

3) 底部弧形卸料弯槽导流对中

底部设计为勺形卸料溜槽，溜槽底部卸料弯槽的横截面采用类似 U 形拱结构，可约束煤炭物料在下落过程中沿 U 形溜槽的底部进行导流，两侧边缘同样为弧形的过渡曲线，增大对物料传递过程中的控制包角，保证物料在方向改变后仍按一定的轨迹和速度运动，实现落料点与受料皮带的中心对正。弧形卸料弯槽装置避免了物料运输过程中因速度急剧转变而造成的磨损和冲击，并减少堵塞、扬尘和噪声污染，实现物料在不同设备间的平稳转接和传递(图 4－7、图 4－8)。

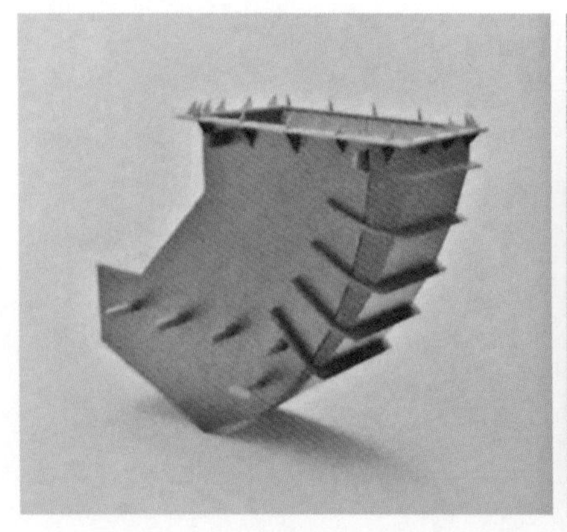

图 4－7　弧形卸料弯槽模型及内部图

图 4-8　弧形卸料弯槽应用

4）密封防逸系统

导料槽两侧设置密封裙板和挡尘帘，形成密封防逸系统，实现对扬尘的管控和约束，可减少皮带转接区域的物料洒落和扬尘（图 4-9、图 4-10）。

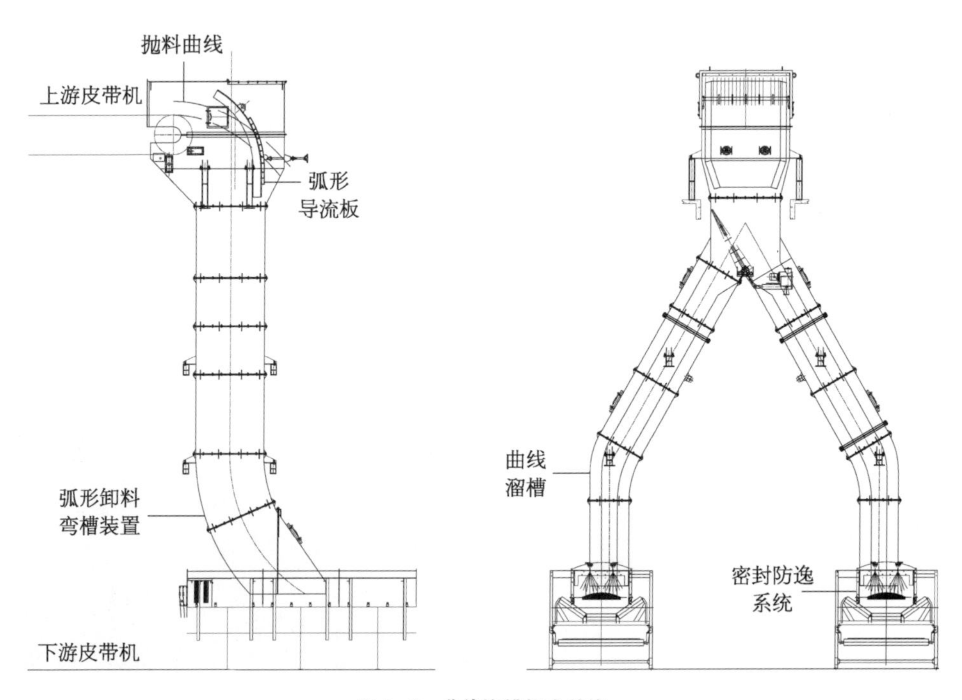

图 4-9　曲线溜槽抑尘系统

图 4-10　导料槽密封裙板及挡尘帘

在以上基础上结合洒水抑尘系统或干式除尘系统进行进一步降尘，可实现对转接机房物料洒落和扬尘的综合治理(图 4-11)。

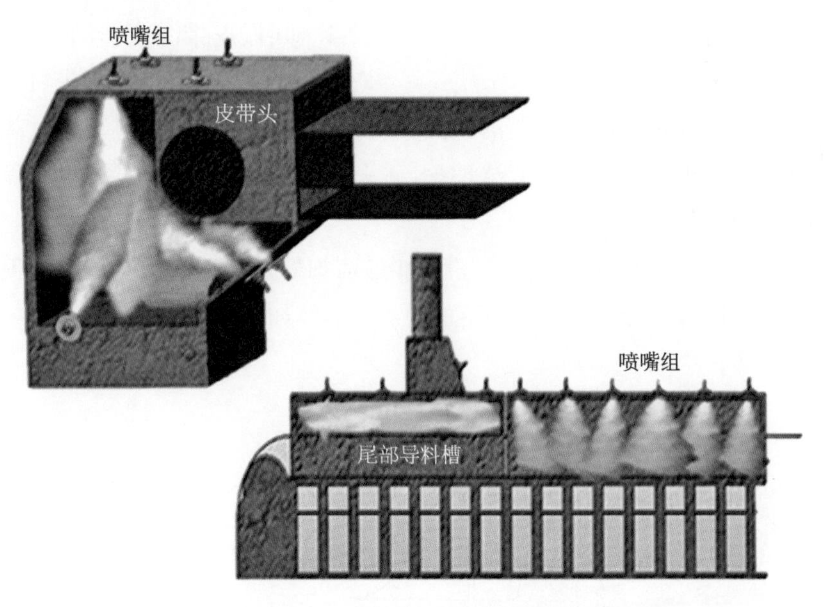

图 4-11　进料口及导料槽洒水系统

4.2　皮带机头部粉尘控制

4.2.1　粉尘收集箱设置

煤炭港口装卸作业过程中，皮带机表面附着大量残留的煤尘和煤泥，很大一部分会洒落到皮带机头部回转处地面上，对周边环境造成一定的污染。同时，某些工况洒水量较大，造

图 4-12　皮带机头部粉尘收集箱

成煤湿度较大，冬季的时候洒落煤泥在地面有结冰现象，给现场清理及安全造成很大的隐患。为解决这个问题，可在皮带机头部设置洒落煤收集转运装置。可在皮带机头部漏斗下部设置一个粉尘收集箱，粉尘收集箱与漏斗出料口用上下可伸缩的密封装置实现无缝连接，确保粉尘收集过程中无泄漏(图 4-12)。皮带运转时，残留的煤尘和煤泥可全部被收集进入粉尘收集箱，并得到集中处理，保持现场环境的干净舒适，减轻皮带机头部扬尘对环境造成的污染。

粉尘收集箱将由专用转运汽车更换及运输，收集的粉尘将被集中处理，具体措施见第 8 章 8.1 节。

4.2.2　回程皮带深度清洁治理技术

皮带机回程带煤洒落是皮带机沿线及周围环境污染的重要原因，解决这个问题的重点在皮带机回程皮带清扫上。经过现场试验研究，提出了回程皮带煤尘污染深度清洁理念，并采取相应治理技术，可在很大程度上解决皮带机附着煤尘难以清扫的问题。

回程皮带深度清洁治理技术可通过设置 4 道清扫器及 1 道清洗装置对回程皮带进行彻底清洁，杜绝了回程皮带下部煤粉洒落的现象。具体如图 4-13 所示。

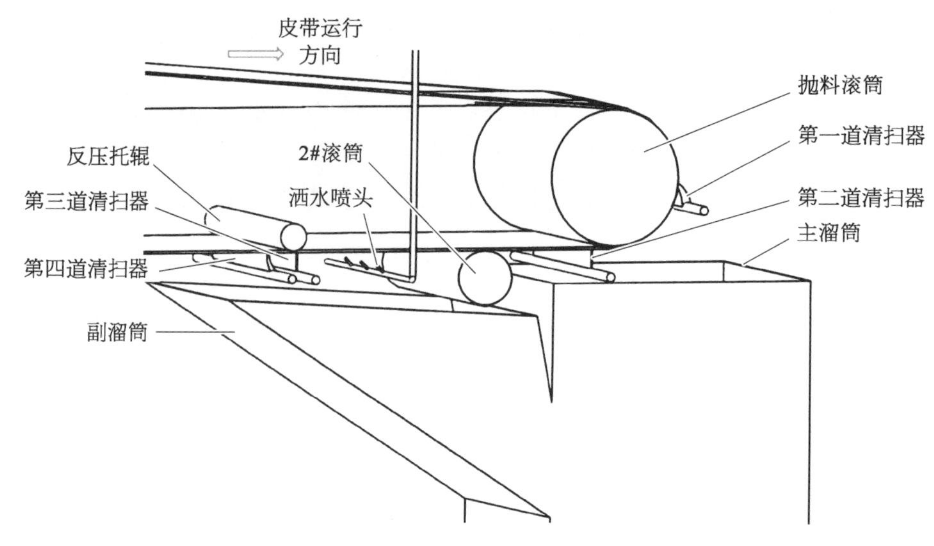

图 4-13　回程皮带深度清洁治理技术示意图

第 1 道清扫器：聚氨酯清扫器，安装于抛料滚筒前方，主要作用是将皮带回程大部分黏附物质去除，相对于合金清扫器，其优点是材质柔软，能够防止黏附物质中的尖锐物对皮带造成损伤。

第 2 道清扫器：合金清扫器，安装于抛料滚筒下方，主要作用是对皮带黏附细小物质进行清理，相对于第 1 道清扫器清扫更加彻底。第 1 道和第 2 道清扫器清理物均落入下方主溜筒内部，避免了清扫物的二次污染。

清洗装置：安装于第 2 道清扫器之后回程皮带下方，主要作用是对回程皮带进行清洗，通过合理确定清洗水压及水量，保证清洗掉皮带黏附煤尘，同时通过调整水流大小，避免水流过大而影响周围环境。清洗装置通过电磁阀接入皮带机 PLC 控制系统，与皮带机启停形成电气联锁，同时安装手动截门可调节水量大小。

第 3 道和第 4 道清扫器：安装于清洗装置之后，分别是合金、聚氨酯清扫器，作用是对皮带上残余的水、煤泥等黏附物进行清扫，清扫物落于副溜筒内部，主溜筒和副溜筒相连接，最后到达转接皮带上，避免了清扫物的二次污染(图 4－14)。

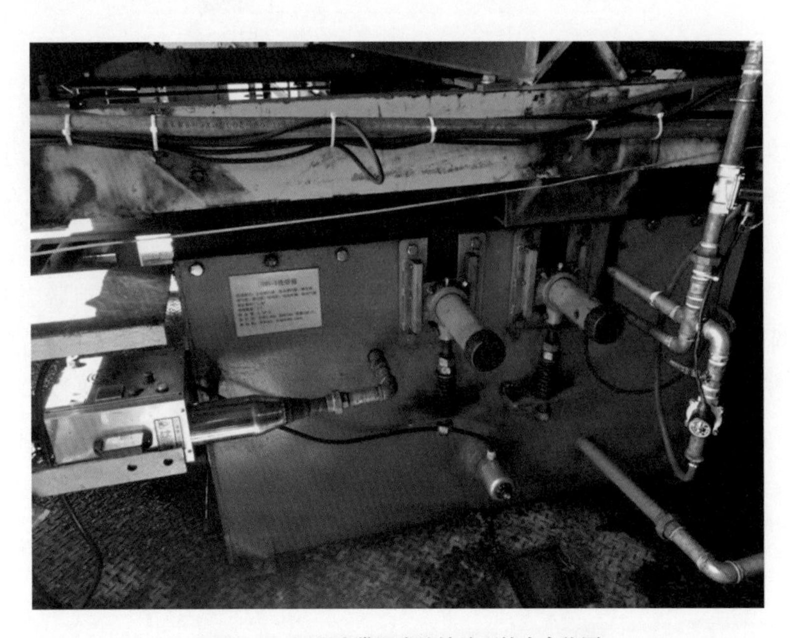

图 4－14　回程皮带深度清洁治理技术实物图

回程皮带深度清洁治理技术首先在黄骅港煤二期工程 BH5－2 皮带机进行安装试验，采用定点对比法和 BH4－2 皮带机进行效果比对测试。其中，BH5－2 安装了上述清洗清扫装置，BH4－2 采取的是传统的 2 道清扫器的技术方案。在 BH5－2、BH4－2 分别距离抛料滚筒 10 m、30 m 处各设置一块 1.5 m×2 m 的收集布，每 24 h 对落煤进行一次称重记录，对万吨落煤量进行了计算统计，见表 4－1 和图 4－15。试验采用了同一煤种，具有相同的粒径、含水量等特性。

表 4-1　黄骅港 BH4-2、BH5-2 皮带机清扫方案对比

皮带线	第 1 道清扫器	第 2 道清扫器	清洗装置	第 3 道清扫器	第 4 道清扫器
BH4-2	聚氨酯清扫器	合金清扫器	—	—	—
BH5-2	聚氨酯清扫器	合金清扫器	清洗装置	合金清扫器	聚氨酯清扫器

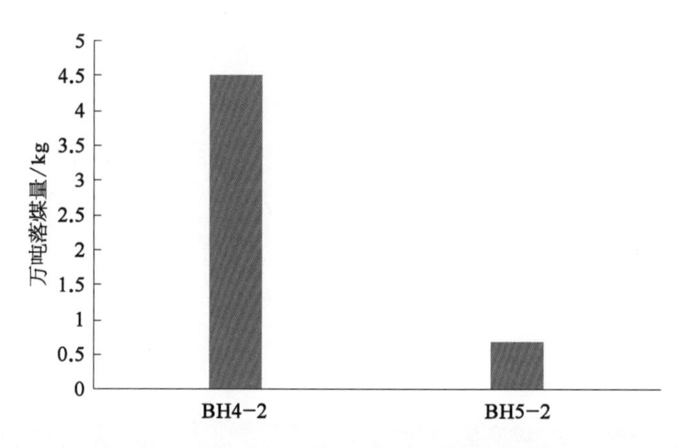

图 4-15　黄骅港 BH4-2、BH5-2 皮带机万吨落煤量对比

统计结果表明，BH5-2 在安装皮带清洗清扫装置之后，其落煤量明显低于 BH4-2，落煤总量之和是 BH4-2 的 15%，即皮带清洗清扫装置的安装使 BH5-2 整个皮带沿线洒落煤减少了约 85%。

综上可知，可在皮带机头部安装 4 道清扫器，在第 2 道和第 3 道清扫器之间安装清洗装置，合理调节清洗装置水量大小，避免水量过大造成水资源浪费及皮带打滑。同时，水量要满足清洗的条件，一般与皮带机带宽、带速及煤种有关，根据采用此技术的黄骅港煤炭港区试验确定合理水量为 100～150 L/(h·套)。清扫器刮下的煤泥通过副溜筒导流至转接皮带，皮带机沿线落煤较之前只安装 2 道清扫器时减少 85%，该技术较好地解决了皮带机回程带煤污染问题。

第5章

煤炭堆场粉尘控制

煤炭堆场分为露天堆场和封闭堆场。露天堆场能满足专业化煤炭港口的周转储存需要且经济性好，是煤炭堆场的主要形式，但其环保性差，需采取措施控制粉尘污染。封闭堆场可从根本上解决煤炭堆场粉尘污染，其中筒仓作为一种常用封闭堆场形式广泛应用于煤炭、电力等行业，但在港口应用尚需进行深入研究。基于此，本章将从露天堆场粉尘控制和大型煤炭筒仓群应用两方面展开阐述。

5.1 露天堆场粉尘控制

煤炭露天堆场同时存在堆垛静态扬尘和堆取料机装卸动态扬尘，由于堆场占地面积大，粉尘污染影响范围较广。然而，传统的喷枪洒水系统在控制堆垛静态扬尘方面存在诸多不足，堆取料机在装卸作业过程中也存在多处逸尘、扬尘的漏点。基于此，研究对露天堆场扬尘治理技术的创新，是取得良好粉尘控制效果的关键。

5.1.1 堆场喷淋与堆料机悬臂洒水联合抑尘系统

煤炭露天堆场的堆垛起尘是煤炭港区起尘量最大的来源，也是粉尘控制设计的重点，因此露天堆场洒水除尘系统的设计尤为重要。露天堆场的洒水除尘主要是利用煤炭颗粒的亲水效应和凝聚效应，使细小的煤炭颗粒因含水率提高而凝聚成较大的煤炭颗粒，从而增加其起动风速，达到控制扬尘的目的。因此，为增加堆垛的表面含水率，堆场四周通常均设置高压洒水喷枪，定时对堆垛表层进行洒水，使露天堆场扬尘得到控制（图 5－1）。

但在实际运行中，喷枪洒水系统存在以下不足：

（1）喷枪洒水系统以组为单位，轮流喷洒，每次开启喷枪数量 2～6 个，全部堆场喷洒一遍需要几个小时。遇到大风干燥天气，堆垛表面含水率降低较快，短时间内难以完成整个堆场的喷洒，造成起尘。

（2）堆场取料过程中，刚完成取料的堆垛，新的表层如不及时洒水，会因为表面含水率偏低产生扬尘。

（3）由于喷枪洒水轨迹为抛物线形状，各落水面水量不够均匀，洒水量少的部分区域表面含水率不能达标。

为解决堆场喷枪洒水系统喷洒不及时、洒水不均匀、堆垛表面含水率不能保证的问题，尝试利用堆料机悬臂覆盖面大、能随堆料机移动的特点，在其下方安装喷洒水系统，以实现对堆垛表层的全覆盖和均匀洒水。现场试验表明，该系统洒水范围大、精度高、补水

图5-1　堆场喷枪洒水

快速且均匀，可根据堆垛补水需要，调动堆料机沿堆场移动、喷洒，洒水量和洒水时间灵活可调，有效解决了堆垛表面含水率不足造成的起尘问题(图5-2、图5-3)。

具体设计为，沿堆料机悬臂下方设置给水管道及洒水喷头，采用主机拖挂形式配置水箱及加压泵，水箱总容积根据上水方式、堆垛面积及堆料机走行速度综合确定，应能保证堆料机完成设定的行程时，行程内的全部堆垛得到充分喷淋。经计算和试验，采用此技术

图5-2　堆料机悬臂洒水(一)

图 5-3　堆料机悬臂洒水(二)

的黄骅港煤炭港区堆料机水箱总容积确定为 60 m^3。水箱外部设置保温层,保证冬季正常储水(图 5-4)。

为保证冬季水箱正常加水,轨道梁沿线设置自动上水栓及电伴热保温装置,位于堆场中部或端部位置。上水栓可为水箱自动加水,采用限位开关进行控制,可实现水箱全年自动上水(图 5-5)。

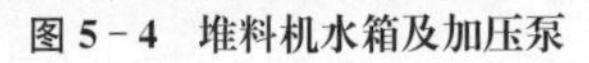

图 5-4　堆料机水箱及加压泵

图 5-5　堆料机自动上水栓

悬臂洒水装置原则上也可应用于取料机,但取料机悬臂与堆料机不同,臂架上设备多、重量大,常规设计高速行走时取料机臂架位于坝基取料皮带机中心线正上方,而在取料机悬臂洒水工况下高速行走时，臂架需垂直于皮带机中心线方向，取料机在初始设计时往往未考虑这种工况，为保证安全生产，取料机设置悬臂洒水装置前应进行整机稳定性复核。

另外，堆料机悬臂洒水技术还可应用于为堆垛喷洒抑尘剂(结壳剂)，可充分发挥其喷洒均匀、快速的优势，在较短时间内即可为整个堆垛喷洒完毕，使其表面形成一层硬壳。用于喷洒抑尘剂的配套水箱容积应经计算确定，水箱材质宜选用不锈钢材质。

在堆料机设置悬臂洒水装置后，可与堆场喷枪洒水系统联合工作，互为补充，解决了不利天气下喷枪喷洒不及时、洒水不均匀的问题，从而有效解决露天堆场堆垛扬尘问题。

5.1.2　堆场堆取料作业粉尘控制

专业化堆场的堆取料作业一般由堆料机、取料机或堆取料机(以下简称“堆取大机”)完成。传统设计中，堆取大机在堆取头部安装有洒水除尘装置，可较好地解决堆、取料时产生的扬尘。但除此之外，堆取料作业过程中还存在其他逸尘、扬尘的漏点，单纯设置头部的洒水除尘装置不能解决这些问题。现场观测、调研表明，堆取大机在尾车、臂架、中心漏斗等多处均存在扬尘点，为此应该对其进行技术改进。

1) 尾车区域粉尘控制

堆料机和堆取料机在堆料作业时，由堆场皮带机运来的煤炭物料通过其尾车皮带机卸至臂架皮带机。由于尾车在堆场皮带机启动时存在飘带的情况，同时为了便于大机司机观察尾车皮带料流、方便现场维修巡检等，尾车区域往往不装设皮带罩，此处在煤炭运输时极易因风力作用产生扬尘。因此，在尾车皮带机两侧加装挡风板成为必要的措施(图 5－6)，可减少风力对此段皮带物料的作用，从而达到抑尘目的。

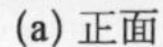

(a) 正面　　(b) 侧面

图 5－6　堆料机和堆取料机尾车皮带机两侧加装挡风板

此外，由于堆料机和堆取料机尾车抛料滚筒与臂架皮带机之间存在落差，与转接机房产尘原理相同(详见第 4 章 4.1.1 节)，此处也是产尘部位，故应在进料口的抛料滚筒处加弧形导流板，实现对料流的柔性约束(参照图 4-3)；在底部出料口加装勺形卸料溜槽，实现落料点与臂架皮带的中心对正(参照图 4-7)。上述设施可有效减轻物料在尾车与臂架皮带机之间转载时的冲击，降低设备磨损，也避免了扬尘产生。

同时，借鉴皮带机头部的粉尘控制技术，在堆料机和堆取料机尾车头部抛料滚筒下方安装皮带清洗清扫装置(参照图 4-13)或余料收集装置(如接料板等)，实现尾车回程皮带的有效清洁，减少回程皮带的物料粘连，避免物料洒落、扬尘。

另外，尾车转接区域空间相对狭小，粉尘沉降时间短，很容易导致粉尘逸出。因转接区域底部与臂架皮带转接处密封相对较好，而顶部无法密封，因此顶部进料口成为逸尘通道之一。对此，应在尾车进料口加装多级挡尘帘，并在此区域设置洒水喷嘴组，以保证除尘效果。同时，通过臂架皮带机尾部导料槽两侧的密封裙板和挡尘帘实现对扬尘的管控和约束，加之设置洒水喷嘴组将逃逸的粉尘通过水雾聚集降落，可大幅度减少尾车转接区域扬尘。洒水喷嘴组一般能有效覆盖尾车转接区域物料起尘范围，所有水流控制采用自动或半自动喷洒方式。转接区域密封裙板、挡尘帘及洒水喷嘴组参照图 4-10 和图 4-11。

2) 臂架区域粉尘控制

合理调整堆料机和堆取料机在堆料作业时臂架与煤垛之间的高差，使其尽量缩短，并在臂架头部安装洒水除尘装置，能基本控制堆料机和堆取料机在堆料作业时的扬尘(图 5-7)；同时在臂架皮带机头部抛料滚筒下方安装皮带清洗清扫装置(参照图 4-13)或余料收集装置(如接料板等)，可实现臂架回程皮带的有效清洁，避免扬尘；定期进行检查和维护，确保尾车至臂架的旋转密封转接溜槽及其他部位的导料槽密封状态良好。

(a) 正面

(b) 背面

图 5-7　堆料机和堆取料机臂架头部洒水除尘装置

基于相同的降尘原理，通过对取料机和堆取料机的取料作业分析，表明应在其臂架头部斗轮区域转运点处臂架皮带机导料槽采用双密封防溢裙板，并设置洒水喷嘴组，对斗轮卸料点进行洒水除尘(图 5-8)；同时，在其臂架皮带机抛料滚筒下方安装皮带清洗清扫装置(参照图 4-13)或余料收集装置(如接料板等)，方可实现取料机和堆取料机在取料作业时的有效降尘。

图5-8　取料机和堆取料机斗轮区域洒水除尘装置

3）中心漏斗区域粉尘控制

取料机和堆取料机通过斗轮在堆场取料之后，再通过中心漏斗将物料转送至堆场地面皮带机，此处也是扬尘点之一。故应在落料点导料槽处设置密封裙板和多级挡尘帘，并设置洒水喷嘴组（抑尘原理同前），将取料机和堆取料机与地面皮带机转运点的粉尘抑制在导料槽内，避免外逸（图5-9）。如果中心漏斗与地面皮带机落差较大，也应采用曲线溜槽，实现对料流的柔性约束，减少冲击及扬尘。

图5-9　取料机和堆取料机中心漏斗区域挡尘帘和洒水除尘装置

5.2 大型煤炭筒仓群应用

近年来，国家对煤炭港口粉尘防治提出了更高的要求。为了从根本上防止粉尘外逸，采用煤炭的封闭堆存方式是较好的解决方式。相比于条形料仓占地面积较大以及穹顶圆形料仓仅适用于储煤种类相对较少、储煤量需求不大的港口，筒仓具有占地面积小、出仓效率高、自动化程度高等优势，适用于煤炭周转速度快的港口。但由于港口储煤种类多、储存量大、地基条件较差等原因，大型煤炭筒仓群应用于港口尚需对其规模确定、结构创新、工艺系统、安全监测等设计关键技术进行研究。

5.2.1 筒仓规模确定

筒仓结构造价相对较高，为了尽量降低工程建设成本，使大型煤炭筒仓群的粉尘控制方案经济可行，首先必须合理地确定筒仓的建设规模，其关键技术之一在于筒仓群总容量和单仓容量的确定。

1) 筒仓群总容量确定

堆场是煤炭港口维持正常运转的核心，堆场容量在其中起着至关重要的作用，堆场容量过大将造成资源浪费，堆场容量过小将造成港口压车、压船严重，影响码头的正常运营生产。

《海港总体设计规范》(JTS 165—2013)中提供了针对一般散货码头仓库或堆场容量的经验公式，采用该公式确定筒仓群总容量时，如果没有煤炭在港平均堆存期的统计资料，很容易得到偏大的筒仓群总容量，造成筒仓数量过大和工程建设成本增加。

为合理地确定筒仓群总容量，以一般散货码头仓库或堆场容量的经验公式为框架，建立了煤炭港口筒仓群总容量计算公式，该公式参数取值范围由计算机模拟仿真及港口实际运营验证研究确定，并引入了一个新参数—容积利用平衡系数，来考虑筒仓不平衡系数和容积利用系数的综合效应。筒仓群总容量可按式 5－1 计算：

$$E=\frac{Q_{\mathrm{h}}\times K_{\mathrm{r}}}{T_{\mathrm{yk}}\times K_{\mathrm{B\alpha K}}}\times t_{\mathrm{dc}} \tag{5-1}$$

式中 E——筒仓群总容量(t)；

Q_{h}——筒仓年周转货运量(t)；

K_{r}——货物最大入仓百分比(%)；

T_{yk}——筒仓年营运天数(d)，可取 350～365 d；

$K_{\mathrm{B\alpha K}}$——容积利用平衡系数，按统计资料确定，无资料时，不宜大于 0.6；

t_{dc}——货物在筒仓的平均堆存期(d)，按统计资料确定，无资料时，可取 2～6 d。

公式计算为筒仓群所需最低总容量,设计总容量可根据实际情况略调整。

2) 单仓容量确定

单仓容量和筒仓数量应根据筒仓群总容量、货种、工艺要求等,经技术、经济、安全等多方面比较后综合确定,一般遵循以下设计原则:

(1) 应符合港区总体布置,并应满足装卸工艺系统要求。

(2) 应满足不同煤种不同仓的条件及不同比例的配煤作业要求。

(3) 应考虑到港船型,便于分仓装船。

(4) 单仓容量宜为到港单列列车运载量的整数倍。

(5) 单仓容量宜为到港煤炭货种平均批量的0.5～1.0倍。

(6) 应急堆场的容量不宜低于单仓容量的2.0倍。

(7) 筒仓数量与煤种数量之间的比值可取2.0～3.2。

(8) 筒仓单条作业线对应筒仓数量不宜少于配煤货种数量。

在港口多泊位情况下,应根据装卸工艺流程需求确定筒仓排数、顶部及底部作业线。因为筒仓直径尺度所限、预防出料口意外排空及要较准确掌握仓内物料存积情况,一排筒仓仓上或仓下布置不应多于2条作业线;有条件的可布置1条作业线。经研究,装船港及卸船港的筒仓排数推荐值见表5-1。

表5-1 筒仓排数推荐值

装船港筒仓排数推荐值					
卸车作业线	1	2	3	4	5
筒仓排数不少于	1	1	2	2	3
装船作业线	1	2	3	4	5
筒仓排数不少于	1	1	2	2	3
卸船港筒仓排数推荐值					
卸船作业线	1	2	3	4	5
筒仓排数不少于	1	1	2	2	3
装车作业线	1	2	3	4	5
筒仓排数不少于	1	1	2	2	3

一般来说,进出仓工艺相同的情况下,筒仓体量越大,其有效堆存容量也就越大,货物单位堆存量的投资就越低。在满足使用功能的情况下,单仓容量大、筒仓数量少时,便于生产管理,且节省土地资源和工艺设备投资。因此从经济性方面看,单仓容量宜大不宜小。

根据煤炭港口装卸特点，提出筒仓群单仓容量及直径推荐模数值，见表5－2。具体单仓容量可结合码头通过能力、作业线数及本书提出的设计原则综合确定。

表5－2　筒仓群单仓容量及直径推荐值

应用范围	筒仓单仓容量/(万t)	筒仓单仓直径/m
沿海煤炭港口	1, 1.5, 2, 2.5, 3, 3.5, 4	18, 21, 24, 27, 30, 33, 36, 40, 45
内河煤炭港口	0.5, 1, 1.5, 2	

3）计算机模拟仿真确定筒仓规模

为了缓解车、船到港的不平衡，筒仓群在港口生产中还发挥着随机调节的重要作用。因受诸多随机因素的相互影响，码头的运转过程相当复杂。作为系统中的一个环节，定量地研究筒仓规模非常困难。随着运筹学和计算技术的发展，应用计算机模拟仿真技术，将船舶—泊位—筒仓群—装卸车设施—车辆及码头营运过程中的所有相关因素作为一个完整的系统来研究，是一种比较理想的手段。为了验证筒仓建设规模的合理性，可采用仿真模型对筒仓群设计方案进行一定时间的动态仿真，计算出反映系统运转状态的各项技术指标，以此来评价方案的优点和不足。

（1）仿真模型的边界及参数。

由于仿真模型是用于设计决策的，因此模型中应包括码头装卸系统中的各个环节，对每一实体的属性及活动状态有确切的定义。与此同时，还要适当确定仿真模型的边界，以避免模型过于庞大和复杂。图5－10为煤炭港口筒仓群储运系统流程简图，从图中可以看出仿真模型的边界，陆域设在火车到达场，水域则设在停船锚地。

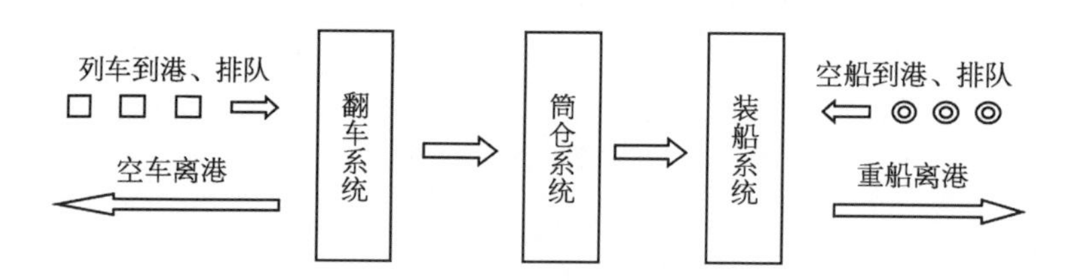

图5－10　煤炭港口筒仓群储运系统流程简图

为了方便设计方案的分析比较，构造模型时将一些重要的设计参数作为模型的输入条件，这些参数有：运量、煤种及其比例，船型及其比例，船舶到港规律，码头设施，列车型号及数量，港区铁路及翻车机，筒仓群规模及布置，年工作天，生产管理策略。

对于船舶到港规律，国内外大量文献及国内主要港口资料的统计结果表明其一般服从Poisson分布，分布函数为

$$P_n(t)=\frac{(\lambda t)^n}{n}e^{-\lambda t}\quad n=0,\ 1,\ 2,\ \cdots \tag{5-2}$$

式中　λ——单位时间 t 内平均到港船舶数；

n——统计天数。

对于生产管理策略，为了模拟码头的运转过程，除了正确地反映各道工序间的数量关系和逻辑关系之外，特别重要的是模拟生产组织对系统的控制作用，主要包括如下几个方面：船的靠离泊作业管理、装船作业管理、卸车作业管理及筒仓作业管理等。

(2) 仿真模型的建立。

完成模型元素的分析之后是构造所要研究系统的概念模型，这个模型要正确表现模型元素之间的数量关系和逻辑关系。随后的工作是概念模型向仿真模型的转化，使其能够在计算机上较真实地演示码头运转的动态过程。

仿真模型的建立可采用 Flexsim 仿真软件，Flexsim 是一个基于 Windows 的、面向对象的仿真环境，用于建立离散事件流程过程。在物流工程、制造业、物料处理和办公室工作流程等方面都可配以相似度极高的三维虚拟现实环境，用于生产及科研工作过程中的物流系统模拟仿真、码头模拟仿真，软件使用的编程语言为 C++和自带的脚本语言。煤炭港口筒仓群储运系统模拟仿真的所有模块，包括翻车机、皮带机、筒仓群、装船机、船舶等模块，均可采用 Flexsim 二次开发获得，建立的仿真模型如图 5-11 所示。

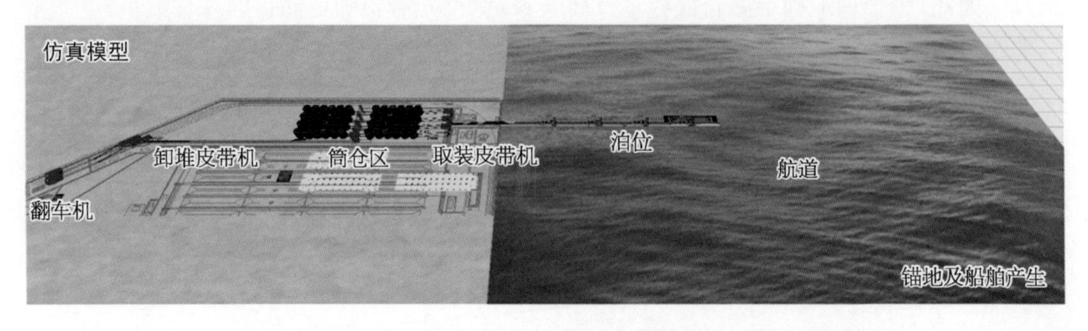

图 5-11　基于 Flexsim 建立的煤炭港口筒仓群储运系统模拟仿真模型

采用计算机模拟仿真技术可以在很短的时间内模拟码头几十年的运转过程，并记录下各项反映码头运转性能的技术经济指标，通过对比多方案的模拟仿真结果来实现辅助优化设计的目的，可更加科学合理地确定筒仓容量与数量，并提供验证手段。

(3) 煤炭港口筒仓储存模拟仿真研究。

为了合理确定筒仓规模，基于采用此技术的黄骅港煤炭港区三期、四期工程 2018 年实际运营数据构建模拟仿真“目标模型”，开展煤炭港口筒仓储存模拟仿真研究。通过调整模型中某些参数来分析模型中特定技术指标的变化趋势，以确定合理的筒仓规模参数，并为前文中建立的煤炭港口筒仓群总容量计算公式(式 5-1)中参数取值范围的确定提供依据。

目标模型的基本参数为：在通过能力1亿t、4台装船机、8个泊位(含4个待装泊位)的设计条件下，单仓容量3万t，筒仓数量48个，煤种数量20种。研究工况主要有以下5种：

① 改变单仓容量，分别取2.5万t、3万t(对比指标)、4万t。

② 改变筒仓数量，分别取40个、44个、48个(对比指标)。

③ 改变煤种数量，分别取5种、10种、15种、20种(对比指标)、25种。

④ 研究筒仓数量与煤种数量比例，方法为指定煤种数量，通过逐渐减少筒仓数量直到泊位通过能力不满足要求，从而找到该煤种数量对应的最小筒仓数量，分别取20种、15种、10种、5种、3种和1种煤。

⑤ 改变煤炭平均堆存期，煤种数量保持10种不变，平均堆存期分别为1.72 d(对比指标)、2.45 d、3.24 d、4.23 d。

根据煤炭港口筒仓储存模拟仿真研究结果，可以得到以下结论：

① 泊位年通过能力受筒仓数量与煤种数量比例的影响，当该比例小于2.0倍时，筒仓的占有率增加，到港火车等待分配筒仓的时间变长，火车卸车能力受到较大制约，直接导致泊位年通过能力下降。对于全物流链(从矿山到用户)计划性强、交接流畅的港口环节，筒仓数量与煤种数量之比建议为2.0～3.2倍，且煤种数量越多，比例越小，可参考图5-12选择。因此，为合理地确定筒仓群容量及筒仓数量，首先需要确定储存的煤种数量。

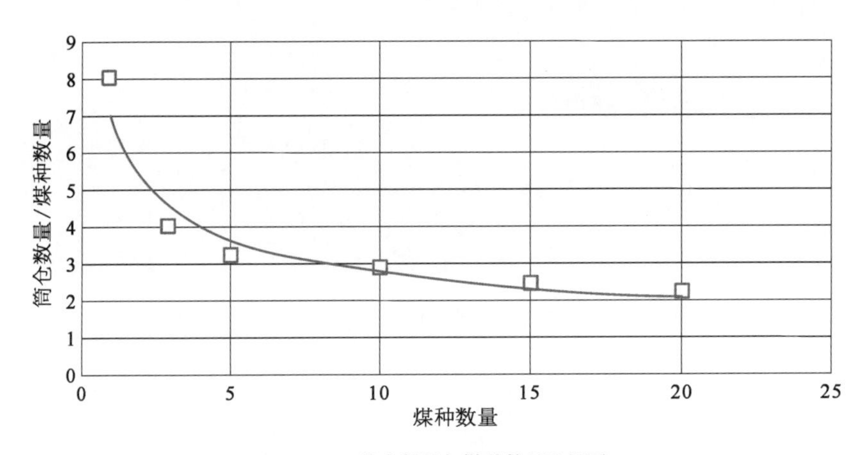

图5-12　筒仓数量与煤种数量比例图

② 随着单仓容量的减小、筒仓数量的减少、煤种数量的增加、煤炭平均堆存期的增加，筒仓容积利用平衡系数会逐渐增加，当该指标增加到0.6左右时，指标变化会很小，即筒仓容积利用平衡系数理论上会有一个极限值，该极限值约为0.6。因此，正常情况下筒仓容积利用平衡系数取值不宜大于0.6。

③ 泊位利用率与泊位年通过能力相关，当泊位年通过能力受到影响时，泊位利用率也

会受到影响。当没有待泊泊位时，泊位利用率可以取0.5～0.7；当有待泊泊位时，泊位利用率可以取0.75～0.8。

④ 平均堆存期与煤种数量存在直接关系，煤种数量越多，生产调度越复杂，各个环节相互干扰越大，可用流程等所需的时间越多，因此平均堆存期就越长，可参考图5-13选择。正常情况下平均堆存期不宜低于2.0 d，且考虑筒仓储存的煤种数量一般不会超过50种，则平均堆存期最大可取6.0 d。

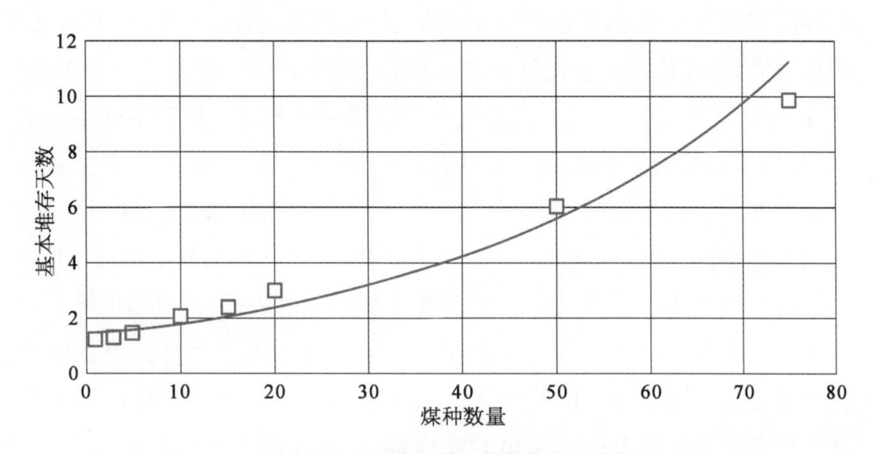

图5-13　平均堆存期与煤种数量关系图

5.2.2　筒仓结构创新技术

大容量筒仓在煤炭、电力行业已广泛应用，但在沿海港口尤其在沿海软土地区大规模建造煤炭筒仓群，仍有不少实际难题需要解决。为了保证港口大型煤炭筒仓群的安全性和经济性，在筒仓基础和上部结构的设计中需进行技术突破。

1）基于变刚度调平法的筒仓桩基设计技术

（1）变刚度调平法的设计思想。

对于大规模的煤炭筒仓，采用桩基础是必须的。传统的筒仓基桩布置原则是根据基桩最小间距，在筒仓下方均匀、等长度、等直径地布置基桩，使基桩刚度相等，主要通过等厚度承台的刚度贡献来调整基桩反力的均匀性。随着上部结构荷载增大，承台会越来越厚，尺寸也越来越大。在上述设计原则下，即使在均匀分布的荷载作用下，承台沉降也呈中间大、周边小的蝶形沉降分布，而基桩顶部反力呈内侧桩反力大、边缘桩反力小的马鞍形分布。如果煤炭筒仓的桩基采用传统的等刚度布置，由于筒仓上部荷载分布通常内大外小，基桩沉降和受力分布不均的现象会更明显。为减少筒仓桩基础的差异沉降、调整筒仓承台的内力分布，基桩布置按照变刚度调平的设计思想，采取基础核心区桩位密集、周边桩位稀疏的布置方案。

(2) 筒仓基础桩型的选择。

筒仓结构相互独立布置,可以选择的桩基方案有多种,对载体桩方案、挤扩桩方案、预应力大直径管桩方案、后注浆法灌注桩方案进行技术比较。

① 载体桩。载体桩方案不适于设计长桩,桩基沉降量过大,不能满足筒仓的正常使用要求。另外,载体桩采用挤土成桩工艺,尤其对饱和软土,施工的挤土效应明显,甚至会损伤相邻已经完成载体桩的工程质量。因此,不推荐载体桩方案。

② 挤扩桩。挤扩桩是指在普通灌注桩的钻孔深度范围内,通过专用挤扩设备形成若干个承力盘或承力岔,然后下钢筋笼、灌注混凝土而形成的桩,可将其视为灌注桩的变异体。挤扩桩单桩承载力高、沉降量小,但施工工艺复杂、施工质量欠稳定。挤扩桩间距要求大、承台尺寸大,使结构自重和投资增加。一旦某些基桩检测不合格,采取补救措施会非常困难。尽管挤扩桩承力盘对承载力的贡献率较大,但由于承力盘的边缘较薄,在海水强腐蚀环境下混凝土的耐久性存在隐患,可能威胁到桩基的正常使用安全,因此不推荐挤扩桩方案。

③ 预应力大直径管桩。预应力大直径管桩主要用于码头、船台或船坞等岸边工程,水上施工条件下的技术先进性和经济性非常明显。但目前国内陆上打桩设备能力有限,陆域分节施打工艺复杂、破损率高、技术风险大,且大面积密集打桩会产生明显的挤土效应,使软土地基产生严重超孔隙水压力且短时间内难以消散,造成大面积地面隆起和基桩漂移,存在安全隐患。此外,由于大管桩的基桩间距较大,筒仓承台也要加大,基桩布置远离筒仓基础的质量中心,不利于桩基刚度向基础中心区域凝聚,难以按变刚度调平设计准则有效抑制基础的不均匀沉降,因此不推荐预应力大直径管桩方案。

④ 后注浆法灌注桩。普通灌注桩的缺陷主要是桩端沉渣清理不彻底和桩侧有泥皮,这将直接影响灌注桩承载能力的发挥,且通常桩基沉降较大,也不利于充分发挥混凝土的抗压性能。而后注浆法灌注桩通过压力导管向灌注桩桩端或侧面注入水泥固化剂,使桩端沉渣和桩侧泥皮固化,在提高基桩承载力的同时还可减少地基压缩变形。从基桩静载荷试验 $Q-S$ 曲线(图 5-14)中可以看出,后注浆法灌注桩的单桩抗压极限承载力与普通灌注桩相比大幅提高,其中复式注浆法比桩端注浆法提高更多,且后注浆法灌注桩的竖向抗压承载力比较稳定,离散性较小。此外,普通灌注桩加载至一定荷载时沉降会突然急剧增大,$Q-S$ 曲线斜率急剧变化,为典型的陡降型曲线,而后注浆法灌注桩随着荷载的增加,桩顶部位的沉降缓慢增加,$Q-S$ 曲线斜率变化平缓,为缓变型曲线。由于后注浆法灌注桩技术先进、工艺成熟、质量稳定、风险可控,基桩承载力比普通灌注桩大幅度提高,桩基沉降小,单位承载力的造价相对较低,因此推荐采用后注浆法灌注桩。

(3) 基于变刚度调平法的筒仓桩基设计。

如图 5-15 所示,根据减少差异沉降和承台内力的变刚度调平设计思想,按照内强外弱的原则布置桩位,基础核心区的桩位较密、周边的基桩间距较大。筒仓桩基采用后注浆法灌注桩技术,对单桩承受的荷载按内低外高的原则,在基础核心区基桩采用桩端、桩侧复式后注浆，对筒体下基桩采用桩端后注浆，以增加核心区的基桩刚度，减少核心区的单桩承受荷载，从而减少基础核心区与周边的差异沉降，满足筒仓结构的正常使用要求。采用桩-墙基础方案，充分利用筒仓筒壁和仓底支承结构的刚度，在允许条件下适当布置十字交叉混凝土承重墙，通过筒壁和仓底支承墙体等上部结构的巨大刚度尽可能将垂直荷载直接传递给桩基础，筒仓承台不传递垂直荷载，仅传递水平荷载并起着连接桩基和增强基础横向稳

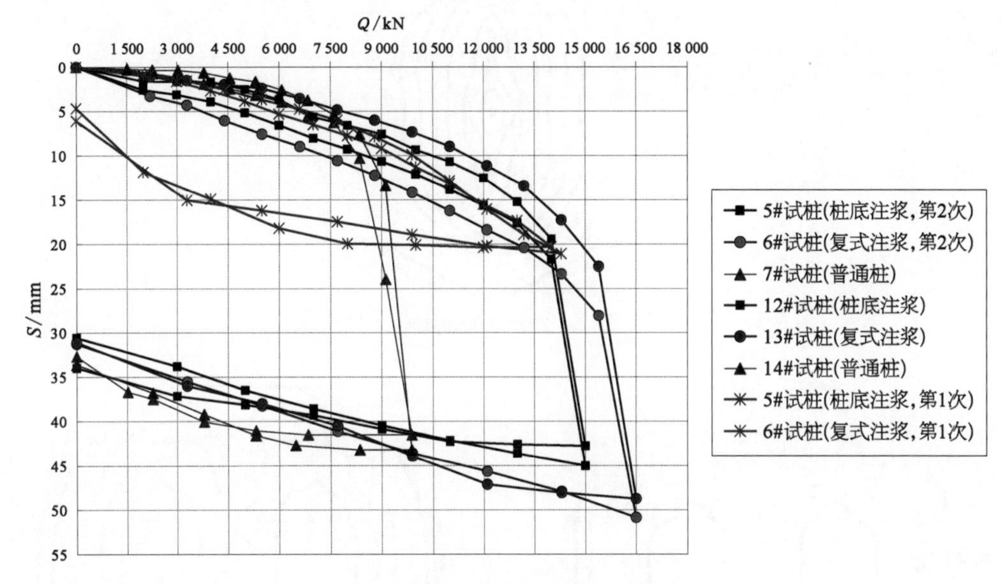

图5-14　基桩静载荷试验Q-S曲线

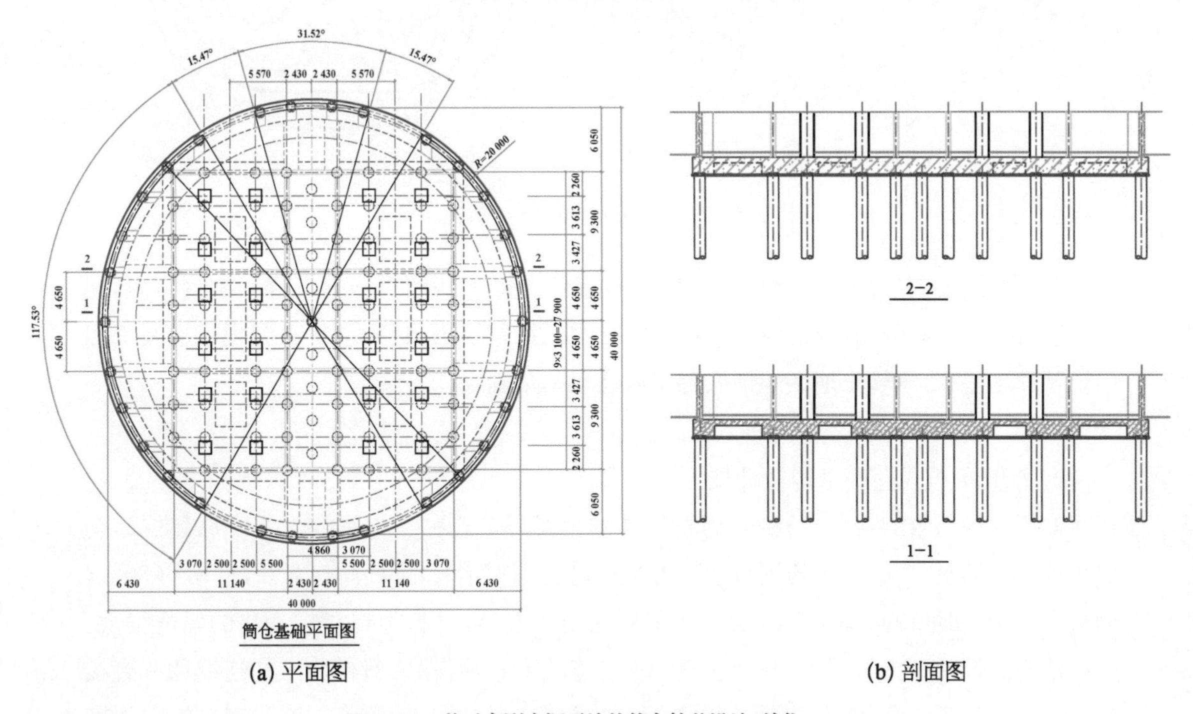

(a) 平面图　(b) 剖面图

图5-15　基于变刚度调平法的筒仓桩基设计(单位：mm)

定的作用，这样比采用混凝土厚板承台刚度调平的材料利用效率高。从桩顶竖向位移图（图 5－16）可以看出，根据变刚度调平原理调整桩基刚度并计入上部结构刚度影响后，筒仓基础不均匀沉降问题得到大大缓解。

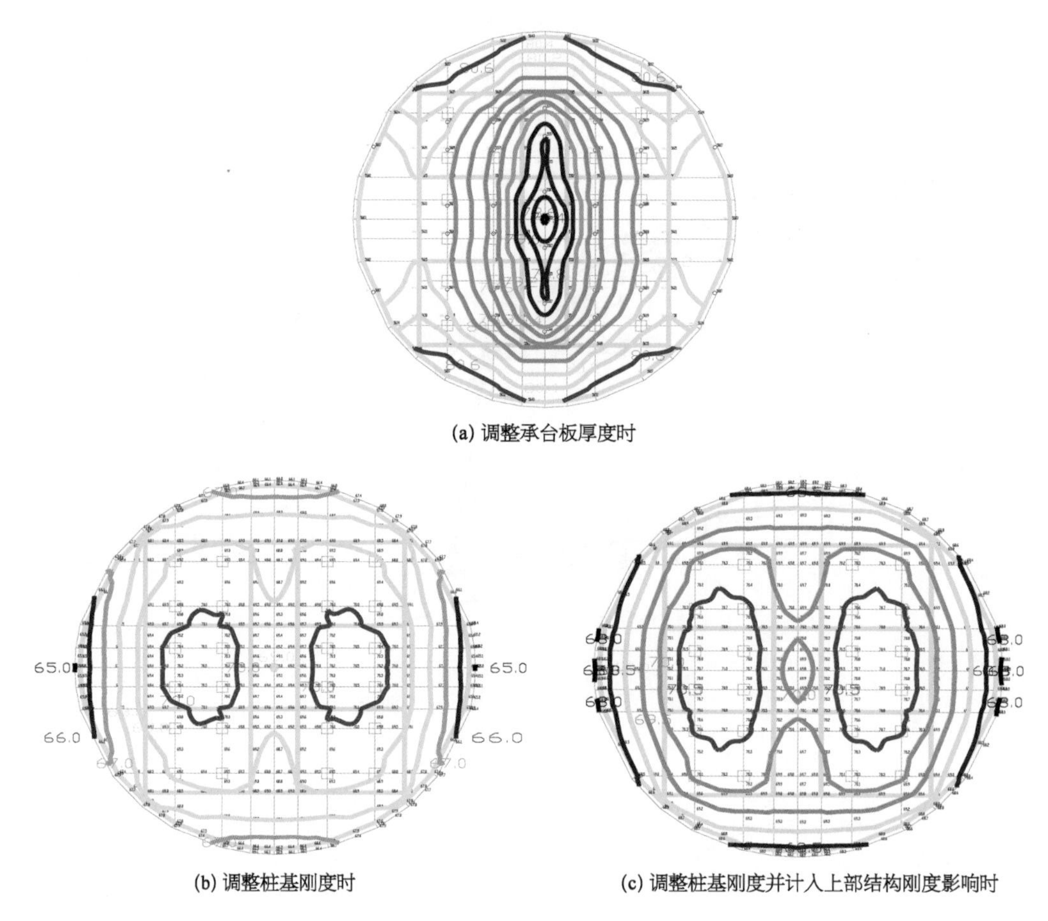

(a) 调整承台板厚度时

(b) 调整桩基刚度时

(c) 调整桩基刚度并计入上部结构刚度影响时

图 5－16　桩顶竖向位移等值线图(单位：mm)

基于变刚度调平法的筒仓桩基设计技术有效降低了基础不均匀沉降和承台内力，比厚板承台筏式基础的满堂红基桩布置方案更经济、结构受力更明确，更符合现代桩基工程的设计理念，为沿海软土地区建造大容量筒仓地基基础设计提供了解决方案。

2）锥壳平板式仓底结构设计技术

如何选择适当的仓底形式，是筒仓设计的重要环节之一。根据煤炭系统已建成筒仓的统计，圆形筒仓仓底结构的钢材消耗占整个筒仓钢材消耗的 17%～35%，平均约 30%，而且在直径、储量相同条件下由于仓底结构选型的差异，材料消耗指标变化的幅度很大。仓底结构的合理布置与否、仓壁与仓底的不同连接方式，对保证滑模施工的连续性有直接的影响。经分析研究，创新采用了一种锥壳平板式仓底结构，使筒仓同时具有足够的强度支撑和较轻的自重，并能有效地防止出料漏斗的堵塞，便于筒仓滑模施工。

(1) 筒仓仓壁与仓底结构连接方式。

仓壁与仓底的连接方式一般有以下两种(图 5 - 17)。

① 整体连接，仓壁与仓底整体浇注，结构变形互为影响，在连接范围内，仓壁和仓底不仅有薄膜内力，而且还存在弯矩和剪力。其优点是整体性好，但对大直径、大容量筒仓来说，连接处仓壁弯矩大、连接钢筋多，节点处施工质量不易保证，而且不便于滑模施工。

② 非整体连接，仓底通过环梁简支支承于筒壁壁柱，仓壁只产生薄膜内力。其主要优点是便于滑模施工、简化计算，大直径、大容量筒仓在国外目前普遍采用这种连接方式，我国近年来在煤炭及其他行业的筒仓设计中也大量采用这种连接方式。其施工后效果较好，深受施工单位欢迎。因此，推荐采用非整体连接。

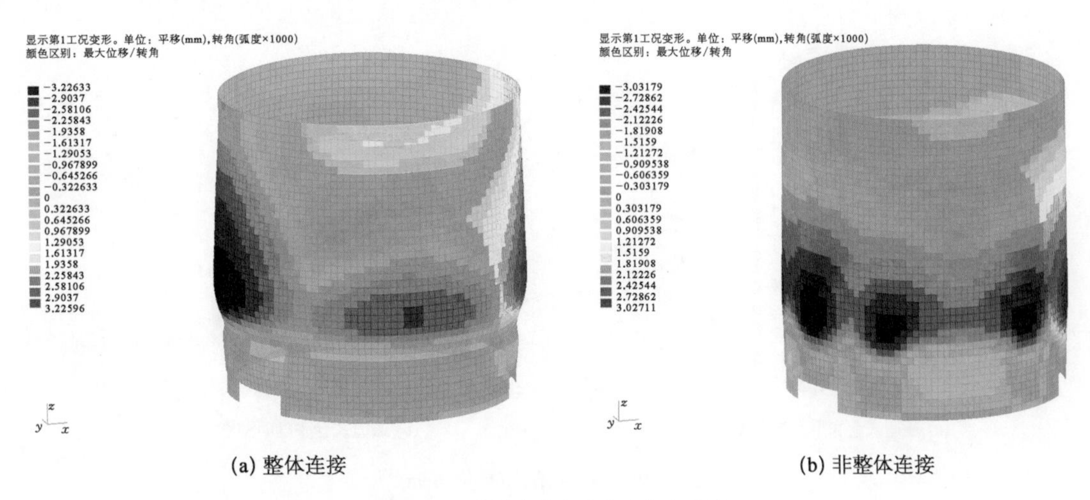

(a) 整体连接　　(b) 非整体连接

图 5 - 17　筒仓仓壁与仓底连接变形图

(2) 仓底结构方案的选择。

常用的仓底形式有钢筋混凝土漏斗仓底、平板加填料仓底、通道式仓底、折板式仓底等。而相应的仓底支承结构有筒壁、壁柱、仓底柱和仓底墙支承结构等形式。

① 梁板式平底加填料漏斗(图 5 - 18)。

平板加填料仓底是最常用的一种仓底形式，仓底由筒壁边壁柱及内柱或钢筋混凝土墙支承，锥斗用填料做成，仓底也可挂小型钢漏斗。这种仓底的主要特点是施工简便，但需要填料较多，混凝土工程量大，耗钢量多。这不仅使仓底造价较高，筒仓也自重大，直接增加了对基础的要求，影响筒仓整体造价。

② 通道式仓底(图 5 - 19)。

自基础承台始至锥形漏斗均采用填料填充，用钢筋混凝土隔墙分隔出皮带廊道。漏斗表面浇注钢筋混凝土结构层，并与仓壁非整体连接。其受力性能简单，但填料数量巨大，从而增加筒仓自重，尤其是大直径、多漏斗筒仓不宜采用。

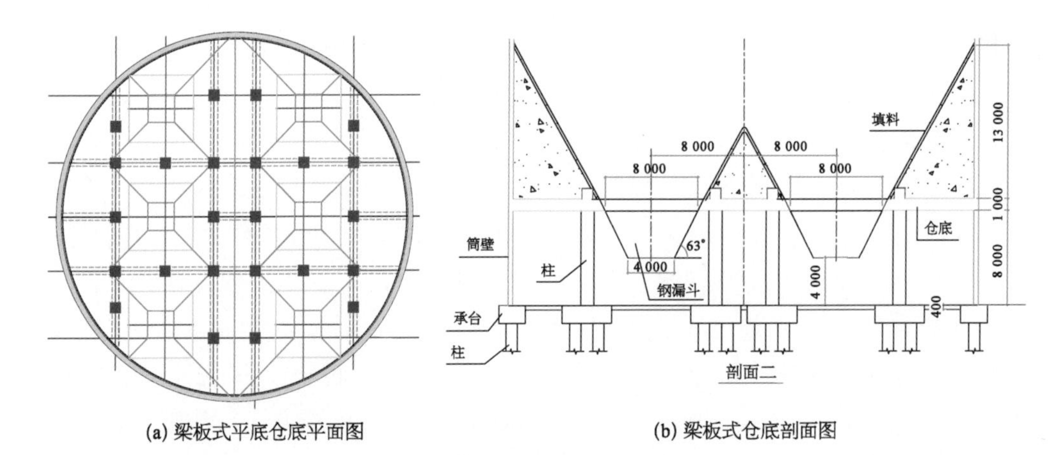

(a) 梁板式平底仓底平面图　　(b) 梁板式仓底剖面图

图 5-18　梁板式平底加填料漏斗(单位：mm)

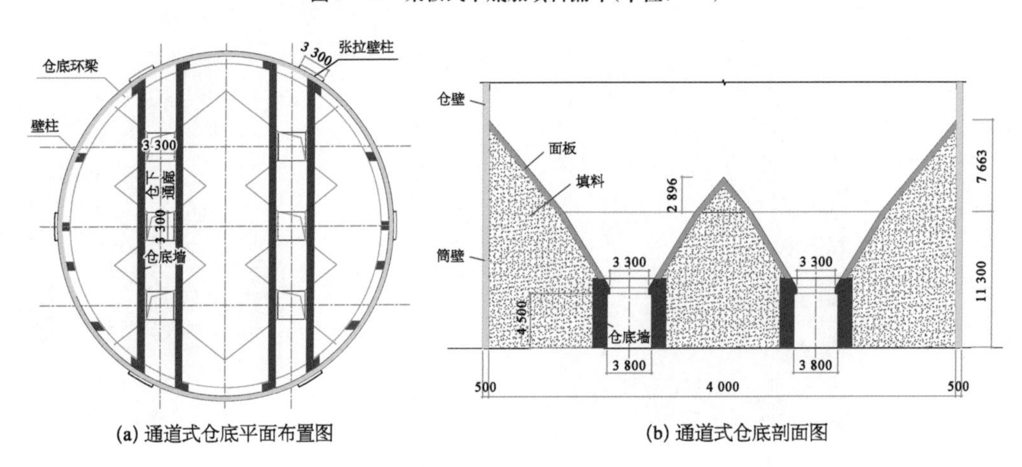

(a) 通道式仓底平面布置图　　(b) 通道式仓底剖面图

图 5-19　通道式仓底(单位：mm)

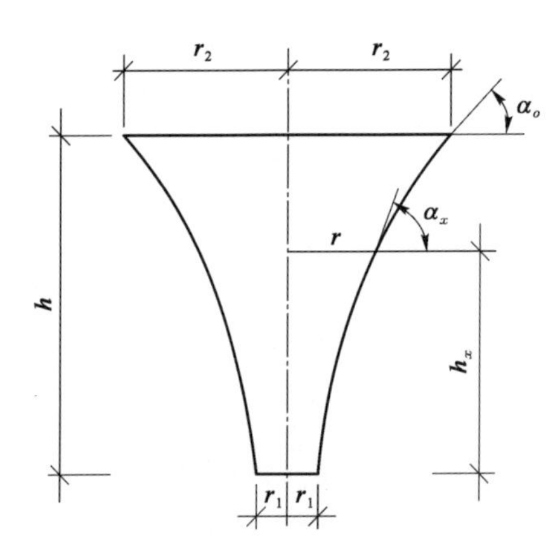

图 5-20　双曲线形卸料漏斗形状图[39]

③ 双曲线形卸料漏斗仓底(图 5-20)。

此类型漏斗无需对煤炭圆筒仓配置机械动力促流设备，即可解决锥形漏斗由于截面积随高度下降急剧收缩、煤炭颗粒相互挤压造成的卸料不畅通和堵塞等问题。但要增大漏斗高度，增加大量填料，减少仓容(10%～40%)。漏斗按曲线设置方式导致形成的旋转壳体形状和结构模型复杂，壳体难以形成受力合理的结构形式，施工还需增加大量的异型特制模板，增加大量的施工费用。

④ 锥壳与平板组合的双曲折线形仓底。

采用锥形漏斗与平板组合，在平板上用焦渣混凝土找坡，创新地使平板加部分填料组成的漏斗部分与锥壳漏斗结构采用不同的坡度，并采用向下分段加大角度，且在两个方向采用不同坡角的漏斗，避免截面收缩率过快发生，形成接近双曲线的折线组合仓底结构，以解决漏斗卸料不畅、储料堵塞问题。此类双曲折线形仓底可比双曲线形结构减小漏斗高度和填料用量，增加仓容，达到接近双曲线形卸料漏斗的效果。

推荐采用锥壳与平板组合的双曲折线形仓底结构，其受力明确，具有填料少、结构用料省、施工也比较简便等优点。

(3) 仓底支承结构。

仓底支承结构应根据仓底结构的形式、基础类型、工艺要求综合分析确定，可选用筒壁支承、柱子支承、墙体支承、筒壁与内柱共同支承、筒壁与内墙体共同支承等形式。对于非整体连接方式的大型煤炭筒仓，推荐采用筒壁与仓底柱共同支承、筒壁与仓底墙共同支承的形式。

根据结构平面布置和荷载作用情况，仓底周边平底部分做成梁板结构，仓底周边顺仓壁内侧设置的边环梁支承在筒壁的壁柱上，通过梁板结构将板上的荷载尽量多地传给筒壁，充分发挥筒壁的承载能力。仓底漏斗或中间平板可采用钢筋混凝土墙支承，与传统的廊道式仓底做法类似，并在适当部位开洞，形成通道。

(4) 锥壳平板式仓底结构。

如图 5－21 所示，仓底梁板与筒壁分开，仓底周边由筒壁柱及环梁支承，仓底平板标高提高至漏斗顶附近，并由钢筋混凝土柱或墙支承，锥斗部分则形成锥壳式结构，锥斗底悬吊或用钢筋混凝土柱支承，平板以上局部斜面用轻骨料混凝土填料做成。其采用向下分段加大角度，且沿皮带机方向锥面角度大于垂直皮带机方向角度，双曲折线形锥形漏斗也

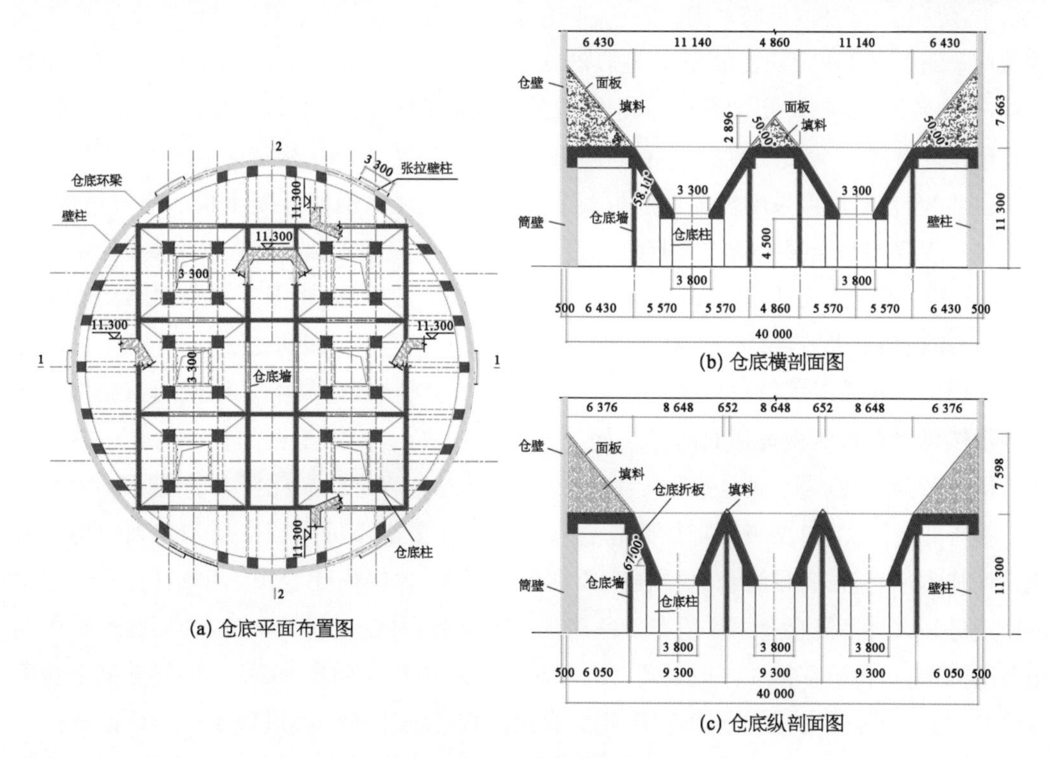

图 5－21　锥壳平板式仓底结构图(单位: mm)

有效地改善了卸料不畅的问题。

与常用仓底结构相比，锥壳平板式仓底结构主要有以下特点：

① 漏斗全部采用钢筋混凝土漏斗，取消了板底常用的钢漏斗，这样钢筋混凝土漏斗形成的锥壳即作为仓底承重结构。漏斗为方锥形，两侧斜壁倾角分别为 58.11°和 67°，斗上口与仓底平板整体现浇，按刚性连接处理。将漏斗由锥形改为变坡度折线形，达到卸料顺畅，减少堵塞的可能。

② 仓底梁板结构是将一般平板式仓底板提高至方漏斗的上口附近（各斗上口交线最低点），漏斗不再是用填料制作，而是做成锥壳，从而节约大量填料，大大减轻结构自重，降低工程投资。但仓底平板顶距各斗上口交线最低点要留一些距离，其目的是使结构构件避开漏斗上口交线处的尖角，使结构容易布置钢筋，受力合理。

③ 仓底水平梁板与方锥壳共同组成仓底结构。周圈设置环梁并支承在筒壁的壁柱上，其节点按铰接处理。为方便筒壁滑模施工和受力明确，仓底不与筒壁整体现浇，避免仓底边支座出现弯矩，对筒壁构成影响。

3) **仓顶廊道与仓顶结构一体化设计技术**

筒仓仓顶结构的选型主要考虑技术先进、经济合理、施工简便、安全适用及结构防腐等因素。同时，仓顶建筑物在地震荷载作用下，受鞭梢效应的影响，有动力放大的作用。在辽南地震中，建在 7～8 烈度设防区内的筒仓，不论采用何种材料，仓顶建筑物只要设计合理，绝大多数均未倒塌。在唐山地震中，由于地震烈度高至 9～10 度甚至更高，仓顶建筑物绝大多数倒塌，其中砖混结构破坏更为突出；而钢筋混凝土框架结构，特别是钢结构承重、轻质墙围护的仓顶建筑物，破坏程度明显减轻，有的还相当完好。因此，仓顶结构应尽量采用轻质结构。

目前，仓顶结构可采用现浇钢筋混凝土结构、钢梁现浇钢筋混凝土板的组合结构、钢结构等。现浇钢筋混凝土结构梁断面过大，施工须架设满堂支架，且施工要求筒体不宜过高、筒仓直径不宜过大，因此不适宜大容量筒仓工程。另外，钢筋混凝土仓顶结构有施工速度慢、模板用量大、自重大、不利于筒仓防爆抗震等缺点。钢梁现浇钢筋混凝土板的组合结构仍然存在模板用量和自重较大、不利于筒仓防爆抗震等缺点。而使用钢结构建造仓顶虽然可以有效地克服其他两种结构存在的一些缺点，但由于在大直径筒仓中各钢梁受力情况较为复杂，为了满足高强度的需要，整个建造过程中仍需耗费大量钢材。

基于此，针对港口煤炭大直径筒仓仓顶结构设计提出一种仓顶廊道与仓顶结构一体化设计技术，能够在满足筒仓仓顶强度要求的前提下，大幅简化仓顶的钢结构，节约钢材的使用量。大直径筒仓仓顶一般布置移动式布料设备，并设置仓顶廊道，仓顶廊道采用钢桁架结构，沿布料设备移动方向设置。仓顶布置钢结构环梁和支撑梁，钢桁架支撑于仓顶环梁上，并与一部分支撑梁刚性连接，组成仓顶结构传力体系。廊道顶及仓顶敷设镀锌压型钢板，利于筒仓防爆。该技术可充分利用廊道空间，廊道布置合理，受力明确，因廊道承担了支撑梁的一部分重量，从而可以在不降低仓顶钢结构强度的前提下使仓顶钢结构得到简化，达到节约钢材使用量的目的(图 5 - 22)。

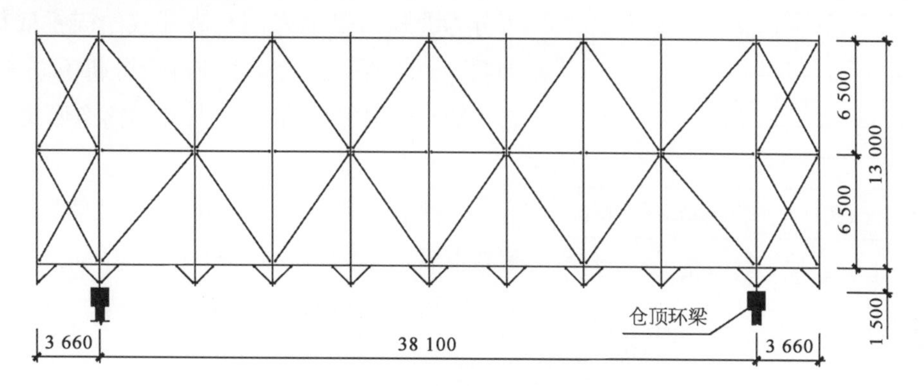

图 5 - 22　仓顶廊道主桁架示意图(单位：mm)

5.2.3　筒仓工艺系统

大型筒仓群储煤代替露天堆场堆存从根本上解决了煤炭粉尘外逸污染问题，是港口煤炭堆存系统的重大技术创新。

合理确定筒仓工艺系统，可以在满足生产需求的基础上，降低物料爬升高度，减少设备种类和作业环节，提高设备可靠度和系统灵活性，减少能耗，降低物流成本，便于生产、管理。因此，需要深入研究大型煤炭中转港口建设大规模全封闭筒仓群储运系统的工艺技术(图 5 - 23)。

图 5 - 23　筒仓储煤工艺系统

1) 筒仓选型及筒仓群工艺布置

进、出筒仓工艺和设备与筒仓仓型密切相关，因此首先对筒仓分类进行探讨。根据煤

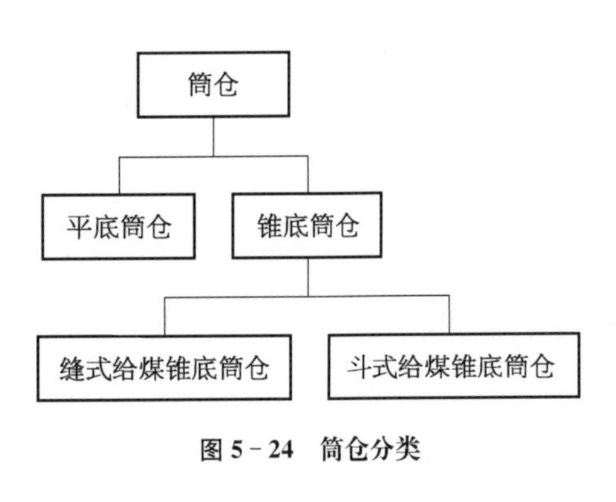

图 5-24 筒仓分类

炭筒仓底部结构形式不同,筒仓可分为平底筒仓和锥底筒仓。而锥底筒仓根据出料方式不同,又可分为缝式给煤锥底筒仓和斗式给煤锥底筒仓,如图 5-24 所示。设计中应综合分析不同筒仓各自优缺点,选择最适宜工程特点的筒仓形式。

(1) 平底筒仓。

平底仓又称 Eurosilo 欧洲仓,最早是 1986 年荷兰 ESI 公司为丹麦 Nordkraft 电厂设计建造的 3 个 5 万 m³的煤炭筒仓(图 5-25)。

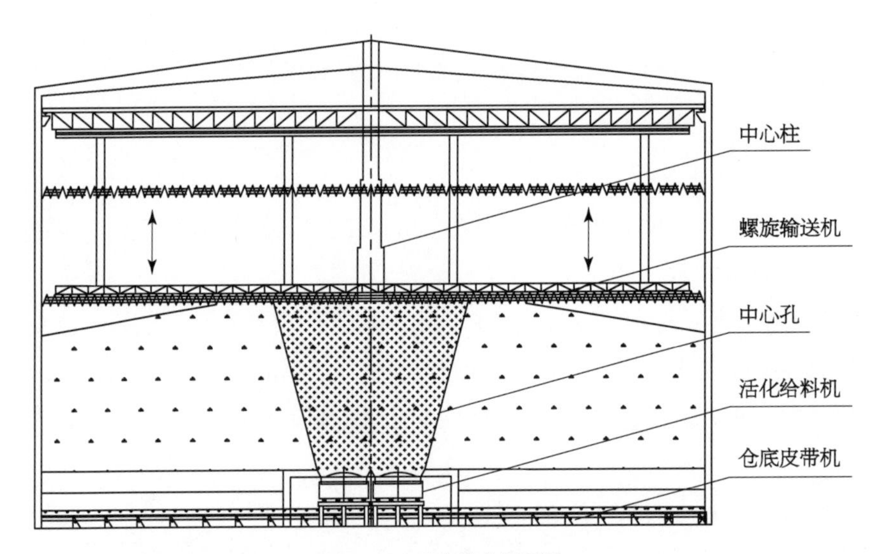

图 5-25 平底筒仓剖面图

所谓平底仓,就是其底部为平底设计,底部中央设有出料口,出料口下配置活化给料机,筒仓顶部设置悬挂式螺旋布料机。进料时,由上游主皮带机系统运来的煤进入固定在上部钢结构上的料斗,通过可伸缩的落料管堆在筒仓的上层,再由悬挂着的可绕筒仓中心回转、正反转的螺旋输送机将物料均匀地沿径向推向筒仓的四周。卸料时,通过改变螺旋的旋转方向又将物料耙向自流中心孔,再通过筒仓底部的活化给料机将煤输向下游主皮带机系统。

平底仓由于采用平底设计,筒仓下部的容积利用率要高于锥底仓,而且省去了锥斗等复杂的土建结构,同等仓容条件下筒仓的土建费用要低于锥底仓,土建结构也更为简单、可靠。据测算,平底仓的经济单仓容量为 5 万~8 万 t。

(2) 缝式给煤锥底筒仓。

早期的缝式煤炭筒仓容量较小,出料口为长条形,通常采用叶轮给料机等设备出料,但堵煤和洒煤问题一直难以解决。20 世纪 90 年代初,我国自主开发的大型环式给料机研制成功,为环缝式出料口的应用提供了前提和保证。环式给料机采用的环缝式出料口缝隙长度较叶轮给料机长条形缝隙大，煤的通流性较好，堵煤问题有所缓解；同时，由于密封方式较好，洒煤现象也要优于叶轮给料机(图 5 - 26)。但出于环式给料机犁煤车和卸煤车车体制造误差以及车体振动等原因，洒煤问题依然难以彻底解决。

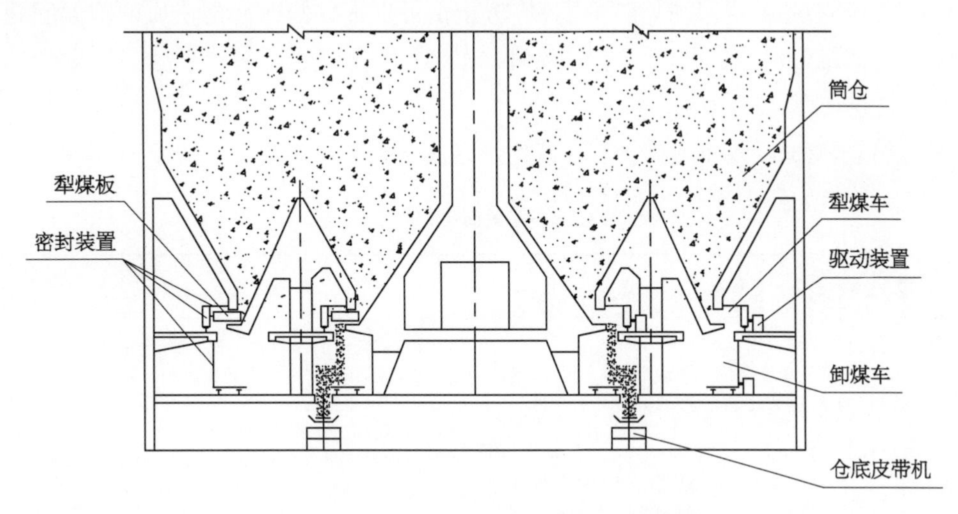

图 5 - 26　大型双环缝式给煤锥底筒仓下部剖面图

目前，国内已有多个电厂煤炭筒仓采用了环式给料机。由于卸煤车转速不能过快以及洒煤等问题，环式给料机的出料能力不是太大。如何提高其出力，以满足大型输煤系统的要求，一直是各科研单位和制造厂研究的课题。从理论上讲，只要提高犁煤车和卸煤车的转速，就可以提高环式给料机的出力。但实际上犁煤车和卸煤车的转速过快后，环形落料斗中的煤堆很高，造成煤堆的离心力过大，设备变形大，密封装置无法起到密封作用，洒煤严重，这时环式给料机已无法正常运行。据研究，通常直径 22 m 左右(容量约 1 万 t)的筒仓配备单环给料机，额定出料能力在 1 000 t/h 以下；直径 30 m 以上(容量 2 万～3 万 t)的筒仓配备双环给料机，额定出料能力很难超过 2 000 t/h。

(3) 斗式给煤锥底筒仓。

大型斗式给煤锥底筒仓的斗通常为群斗。斗式给煤锥底筒仓可充分利用煤炭自流卸料，卸料效率高、运营成本较低，且能够保证煤炭“先进先出”，煤炭在筒仓内储存时间短，可一定程度地避免煤炭在筒仓内自燃。但由于筒仓下部结构较复杂，建设成本较高，筒仓容积利用率较平底筒仓低(图 5 - 27)。

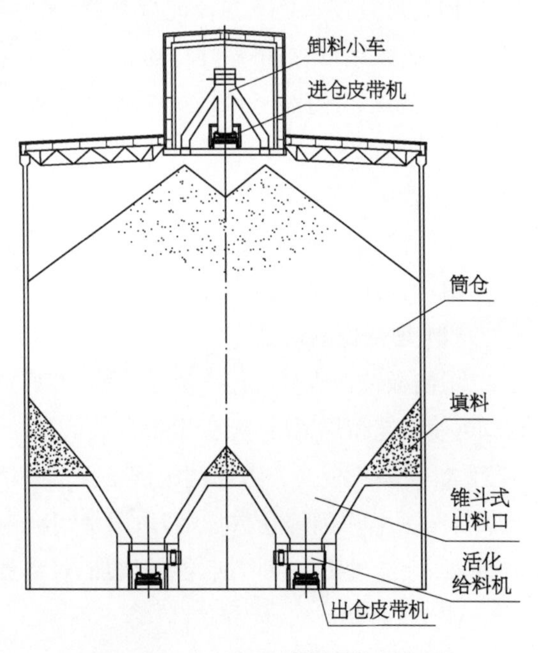

图 5 - 27　大型斗式给煤锥底筒仓剖面图

斗下出料设备以往通常采用斜式振动给料机,该设备存在单机出料能力小、占用空间高等一系列问题。而活化给料机单机出料能力可以达到 1 500～2 000 t/h,该设备开口大、不易堵煤,设备结构紧凑、密封好、粉尘少、洒落少、环保效果好,运行安全可靠,设备磨损少、寿命长、维修量少,煤炭均匀对中下料,防止了对皮带机侧向冲击造成的跑偏问题,减少了对皮带的维修保养费用,便于生产管理。

(4) 筒仓选型。

平底筒仓、缝式给煤锥底筒仓和斗式给煤锥底筒仓的优缺点比较见表 5－3。

表 5－3　不同形式筒仓优缺点一览表

项　目	优　点	缺　点
平底筒仓	平底仓由于采用平底设计,筒仓下部的容积利用率高,筒仓的土建结构简单、费用低	物料“先进后出”,为了保证筒仓安全、防止煤炭自燃,需要进行定期清仓作业;出仓能力低,通常在 1 000 t/h左右;顶部的螺旋布料机制造、安装要求高,设备在仓内,维护困难
缝式给煤锥底筒仓	物料“先进先出”,缝隙大,煤的通流性较好,堵煤问题有所缓解;设备数量少	设备故障率高,出仓能力低,一般不超过 1 000 t/h
斗式给煤锥底筒仓	物料“先进先出”,出仓能力大,易于实现混配煤作业,设备简单,维护保养方便	设备数量多,筒仓下部结构较复杂

经上述研究比较,斗式给煤锥底筒仓较适合煤炭港口大吞吐量生产的需要。

(5) 筒仓群工艺布置。

筒仓群宜按照矩阵方式进行布置,采用斗式给煤锥底筒仓。这种仓群布置方案适应港口高效、大运量、高可靠性作业特点,最大限度地降低了能耗和粉尘污染,减少了大型设备种类、数量和作业环节,是一种新型的全封闭筒仓群储运工艺系统。

2) 进仓工艺系统

常用的进仓设备多为连续输送设备,主要有斗式提升机、皮带机、螺旋输送机、埋刮板输送机等。在港口大能力煤炭输送系统中,应用埋刮板输送机和皮带机较为适宜。

(1) 埋刮板输送机。

埋刮板输送机具有连续输送、密封性好、能在中部任意位置实现多点进料及出料等优点,可使工艺布局紧凑,减少设备台数。其缺点是对物料的适应性差,设备维护工作量大,能耗大,设备投资高。考虑刮板链条强度等因素,大能力埋刮板输送机设计长度一般不超过 120 m。若单列筒仓数量多,采用埋刮板输送机作为仓顶进料设备必须分成若干小段组合布置,会造成转接点增加,能耗增加,经济性差(图 5－28)。

(2) 皮带机。

在仓顶采用固定式皮带机输送,对物料适应性好,运输能力大,安全可靠,易于实现自

图5-28　埋刮板输送机

动化操作，因此得到了广泛应用。

皮带机仓顶卸料一般采用三种形式：定点卸料、直线往复卸料和旋转环形布料。

① 定点卸料：通过溜筒直接卸料，工艺简单可靠。但筒仓的容积利用率低、同等筒仓尺寸的存储量低、土建投资高，适用于筒仓数量少的情况。

② 直线往复卸料：由皮带机和卸料小车（图5-29）组成，小车可带载移动，通过溜筒直接卸料，工艺简单可靠，筒仓的容积利用率较高。

图5-29　卸料小车示意图

③ 旋转环形布料：由皮带机、卸料小车和仓顶布料机组构成，仓顶布料机由全密闭式皮带机、行走轮及驱动装置、圆环轨道、回转装置、环缝密封装置等组成，通过溜筒将物料卸到可 360°回转的可逆布料皮带机上，然后布料，如图 5－30 所示。此工艺的优点是提高了筒仓的容积利用率、节省了部分筒壁投资。其缺点一是仓顶设备多、投资大、维护困难，需要在筒仓中间设置中心柱，这样既减小了存储容量又增加了部分土建投资；二是此工艺经过了两次转接，仓上工艺设备高度达十几米，增加了能耗，而与卸料小车相连的皮带机必须设置覆盖带以避免起尘，卸料小车和覆盖带布置在仓顶，高度大，海边风力较大且持续时间较长，风荷载对卸料小车的稳定性和覆盖带的牢固性影响很大，易引起小车尾车摆动，造成皮带跑偏，可靠性差。

图 5－30　仓顶环形布料机

综上所述，使用卸料小车的直线往复卸料方式可减少设备种类和作业环节、提高设备可靠度，满足专业化煤炭港口大运量、高带速进仓特点，适合大型煤炭港口全封闭筒仓群储运系统的进仓工艺要求。此外，为减少筒仓顶部卸料口粉尘外逸，应在卸料口上方布置覆盖带(图 5－31、图 5－32)。

仓顶进料皮带机和卸料小车组合卸料的方式，可考虑单线卸料进仓和双线卸料进仓两种形式，以直径 40 m 的筒仓为例，如图 5－33 所示。

单线卸料进仓：仓顶布置 1 条皮带机，在仓顶皮带机两侧开长条形进料口，料口长 36 m、宽 1 m，两口之间中心距离 8 m，进料口设有密封装置卸料，小车在仓顶往复直线运行卸料。

双线卸料进仓：仓顶布置 2 条皮带机，在仓顶皮带机两侧开长条形进料口，料口长 30 m、宽 1 m，两口之间中心距离 8 m，进料口设有密封装置卸料，小车在仓顶往复直线运行卸料。

图5-31　筒仓顶部卸料口覆盖带

图5-32　卸料小车卸料口覆盖带

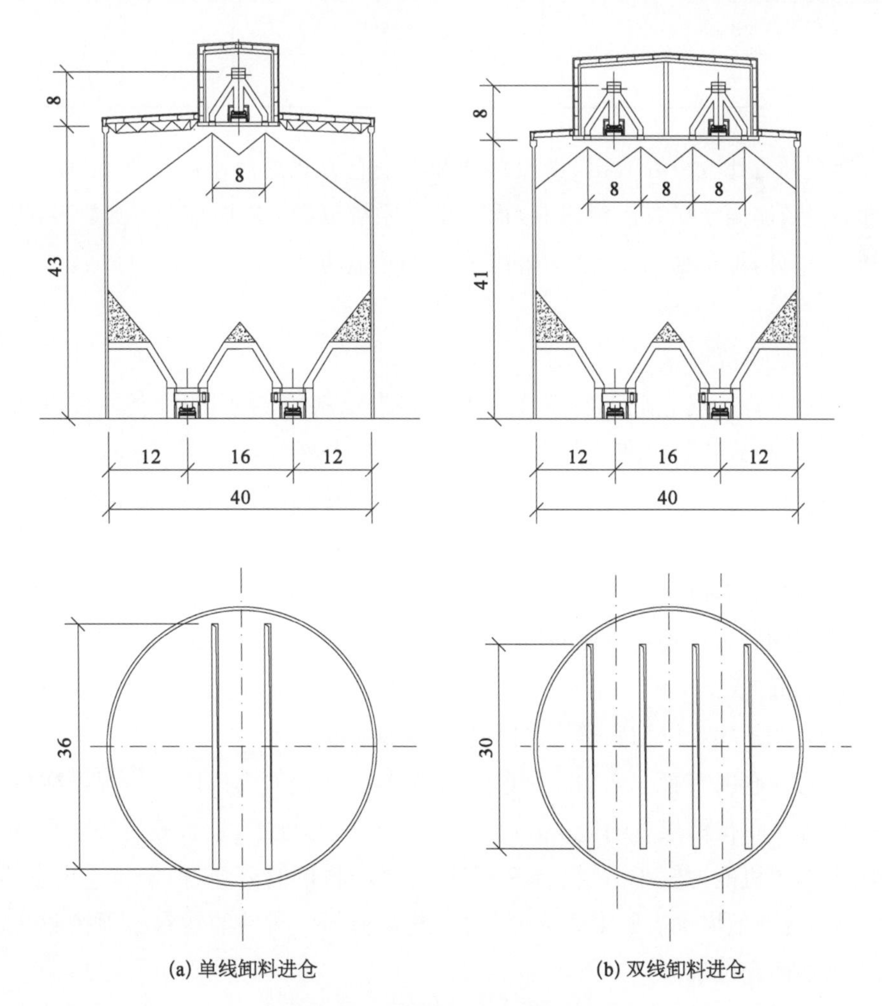

(a) 单线卸料进仓　　(b) 双线卸料进仓

图5-33　卸料进仓方式(单位: m)

以黄骅港煤炭港区三期工程为例，设计阶段对两种卸料方式进行了方案比较，见表5-4。

表5-4 筒仓卸料方式一览表

项 目	单线卸料进仓	双线卸料进仓
筒仓容量	3万t	3万t
筒仓高度	43 m	41 m
单仓总投资(含设备)	3 420.4万元	3 449.7万元
进仓皮带机数量	1条	2条
设备利用率	高	低
设备维护保养	少	多
卸车进仓系统可靠性	低	高
皮带机转接次数	少	多
工艺系统流程	简单	复杂

通过上述研究比较可以看出，虽然双线卸料进仓方式的筒仓高度低、系统可靠性高，但其单仓总投资略高于单线卸料进仓，而且工艺系统复杂，皮带机转接次数多，提升高度大，能耗高。因此，推荐采用较为简单的单线卸料进仓方式。

3）出仓工艺系统

目前，国内外煤炭筒仓底部物料出仓方式多为强制式，采用的设备主要有活化给料机、振动给料机、环式给料机和叶轮给料机等。

叶轮给料机采用长条形缝隙式下口，通过叶轮的转动给料，容易发生堵煤现象，且密封性较差，洒煤现象严重。

环式给料机采用环形缝隙式下口给料，缝隙长度较叶轮给料机长条形缝隙长，煤的通流性较好，堵煤问题有所缓解，且环式给料机的密封方式优于叶轮给料机，洒煤现象较少。但由于犁煤车和卸煤车车体的制造误差、环形轨道高度方向和径向的安装误差易引起车体振动，洒煤问题依然难以彻底解决。同时，环式给料机虽然在一定程度上减少了堵煤和洒煤问题，但在筒仓的布置上增加了犁煤层和卸煤层，相同筒仓高度的情况下减少了筒仓的储煤量，增加了单位储煤量的造价，并且设备复杂，土建施工、设备安装要求高、难度大，检修维护困难，单机能力较小。出仓设备采用环式给料机的筒仓，由于单仓出仓能力小，装船作业时即便不配煤也需要多仓同时供料，就要求同一品种的物料必须按照筒仓分组储存，需要增加筒仓数量。

对于活化给料机和振动给料机两种出仓设备，以黄骅港煤炭港区三期工程为例，提出两个出仓方案进行对比说明：

活化给料机方案：仓底平行布置2条皮带机、对称布置6个出料口，出仓设备选用活化给料机，单台设备出仓能力1 330 t/h，单仓出仓能力8 000 t/h，筒仓直径40 m、高度43 m、容量3万t。混配煤作业可通过活化给料机多台设备组合及在线能力调节实现。

振动给料机方案：仓底平行布置2条皮带机、对称布置16个出料口，出仓设备选用振动给料机，单台设备出仓能力1 000 t/h，单仓出仓能力8 000 t/h，筒仓直径40 m、高度42 m、容量3万t。混配煤作业可通过振动给料机多台设备组合实现。

两个方案布置如图5-34所示。

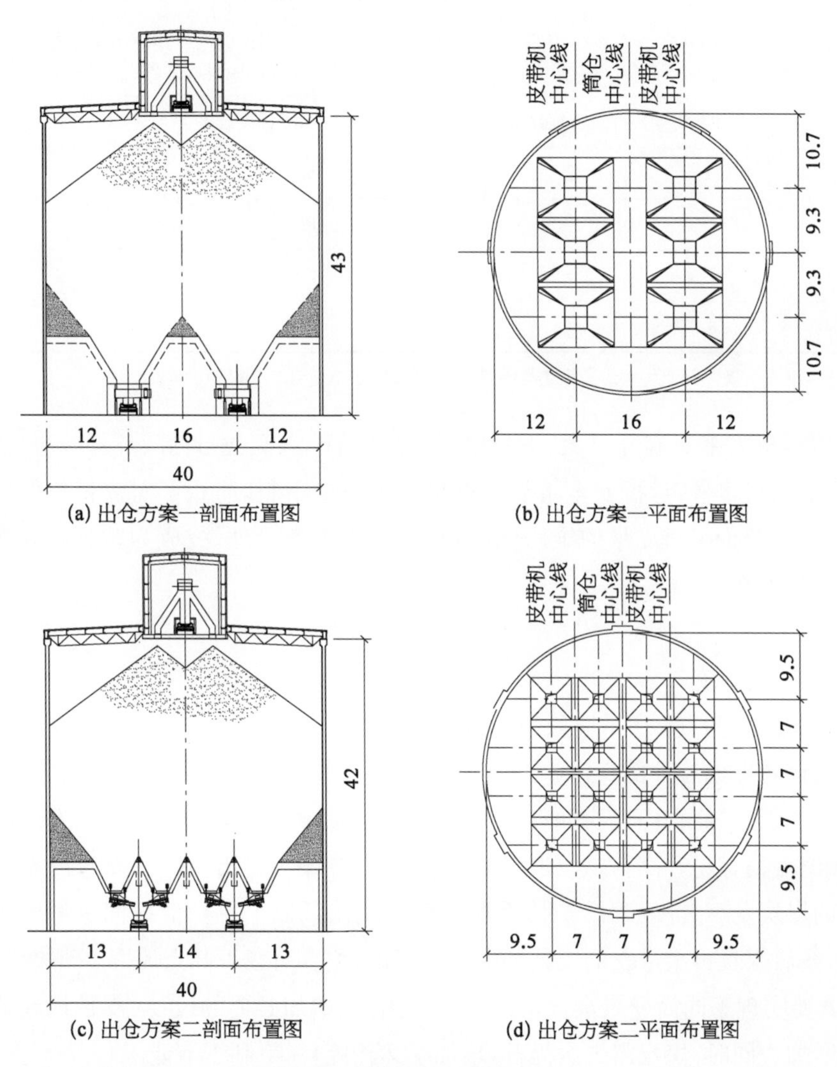

图5-34 出仓方案布置图(单位：m)

两个出仓方案的比较见表5-5。

振动给料机方案仓底出料口多，筒仓有效容积增大，对于直径40 m、仓容3万t的筒仓而言，筒仓高度比活化给料机方案低 1 m，土建投资有所降低。但此方案设备多，不利于生产管理。

表 5 - 5　筒仓出仓方案对比一览表

项　目	活化给料机方案	振动给料机方案
安全可靠性	设备运行安全可靠，故障率低	零部件易损坏，系统运行安全性较低
环保条件	全密封，洒落很少，粉尘小，噪声小	密封不好，易洒落，噪声大
土建要求	设备开口尺寸大，安装高度低，安装简单	设备开口尺寸小，出口需接下煤导管，设备的安装高度较大
运行情况	下料通畅，具有破拱功能，不易堵煤；对中下料，皮带不跑偏	设备入口面积小，内腔小，易堵煤；给料机垂直于皮带机给料，易造成皮带跑偏
检修维护	设备磨损少，寿命长，维修量少	维修量大
筒仓容量	3 万 t	3 万 t
筒仓高度	43 m	42 m
给料机数量	6 台	16 台
单仓总投资	3 916.7 万元	3 745 万元

注：单仓总投资是以采用此技术的黄骅港煤炭港区三期工程筒仓为例计算而得出的。

活化给料机方案具有开口大、不易堵煤、设备结构紧凑、密封好、环保效果好的优势；且功率小，运营成本低，运行安全可靠。煤炭均匀对中下料，防止了对皮带机侧向冲击造成的跑偏问题，减少了对皮带的维修保养费用，便于生产管理，故成为黄骅港煤炭港区三期工程的实施方案。

4) 倒仓工艺系统

倒仓的功能有两点：一是应急处理筒仓内高温或自燃煤炭；二是同种煤炭合仓。实际工程仅根据前者考虑三种倒仓作业工况：其一，更换煤种时，筒仓内部分余料倒出；其二，由于不确定的因素，筒仓内煤炭储存时间过长，尤其是炎热的夏季，筒仓在太阳的长期暴晒下，煤炭温度很容易升高，在达到危险值时，需要将煤炭倒出；其三，筒仓内温度监测系统盲区内的煤炭发生自燃(阴燃)时，需要将煤炭倒出。以上三种情况都是考虑将煤炭倒出，对于出仓后煤炭再次进仓的工艺一般不予考虑，主要有以下几点原因。

(1) 若要实现不同筒仓煤炭合仓，工艺系统需要增加必要的设备(皮带机或斗式提升机)，投资增加。同时，煤炭需二次提升，增加了运输能耗，不利于节能。

(2) 由于再次进仓作业情况很少发生，再次进仓工艺系统设备利用率低，造成资源闲置、浪费。

(3) 倒仓作业虽然可以在一定程度上降低煤炭温度，但如果运输途中降温不彻底，煤炭二次进仓后，自燃仍易发生，造成安全隐患。

筒仓倒仓工艺流程如图 5-35 所示。为避免高温煤炭对仓底皮带造成损伤，可先起动正常筒仓的活化给料机，将皮带底层铺上一层煤以保护皮带。改、扩建项目若无既有堆场可利用，应新建应急堆场以存储倒运出的煤炭。堆场容量不应低于筒仓单仓容量的 2 倍，这是考虑到煤炭自然降温需要一定时间占用应急堆场，为确保在应急堆场已有倒仓煤炭占用的情况下，新到危险煤炭有场可存，并为已有倒仓煤炭的转移留出时间。

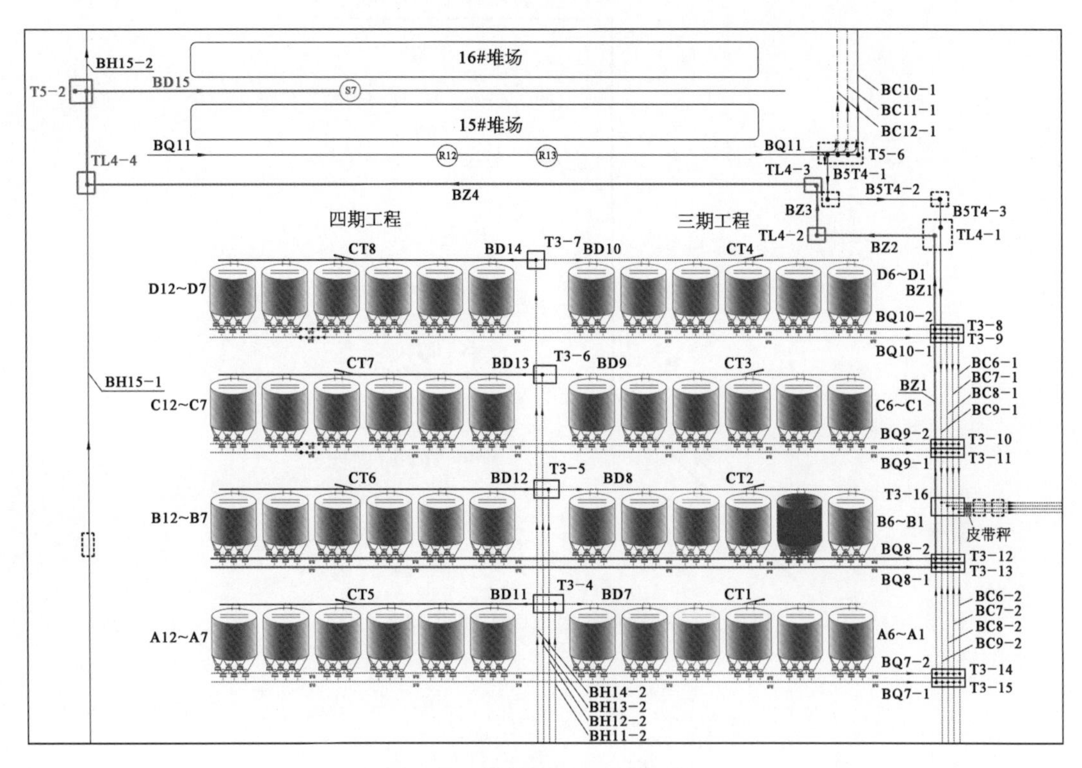

图 5-35　筒仓倒仓工艺流程示意图

5）配煤工艺系统

目前，国内外大型煤炭港口普遍采用露天堆存工艺，堆场取料作业设备一般采用斗轮式取料机或斗轮式堆取料机。露天堆场混配煤作业时 2 台取料设备同时工作（图 5-36），由于受煤堆塌方和两机联合作业不同步等因素影响，配煤准确性、均匀性较差。

与露天堆场相比，筒仓配煤系统可选用活化给料机等作为出仓设备，并采用 PLC 自动控制，从而保证了配煤的精度，提高了配煤的品质。活化给料机可以在线从 0 到最大设计量之间连续调整出煤量，尤其适合复杂配煤系统。通过调整活化给料机和皮带秤数据反馈，可实现连续、高效、精确、均匀、自动化配煤。筒仓混配煤作业既可以在同条作业线内实现（图 5-37），也可以在任意两条作业线之间实现。

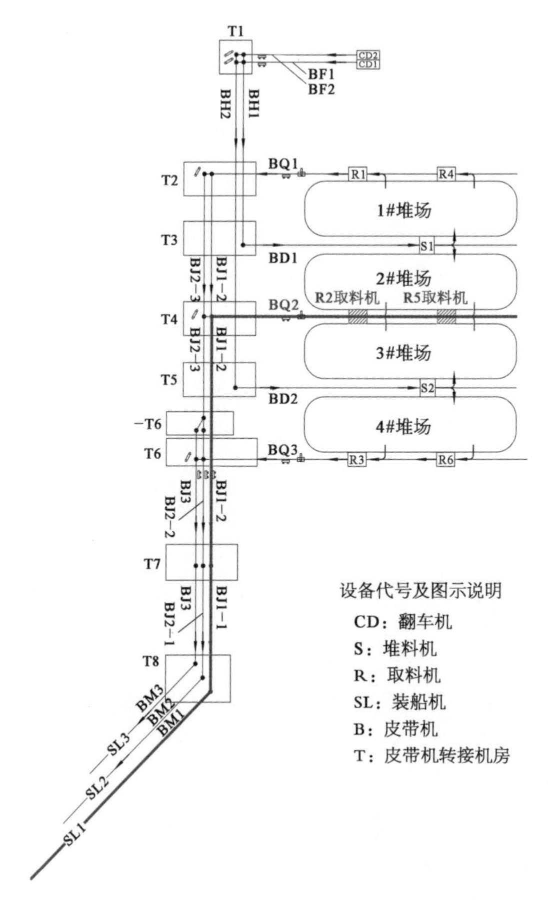

图 5－36　露天堆场同线双取料机配煤装船示意图

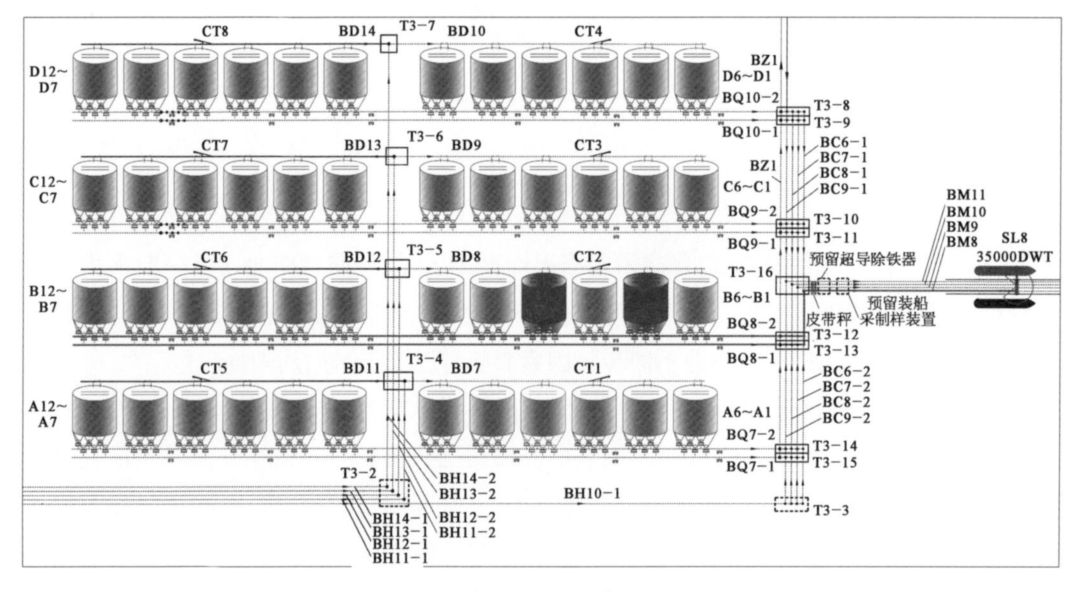

图 5－37　同线双筒仓配煤装船示意图

活化给料机可以实现从0到100%无级调整出料能力，因此无论何种混配煤比情况，经多台活化给料机组合后均能达到装船能力，避免亏吨运行。皮带秤和筒仓点对点布置，在皮带机运行方向的筒仓出口处设动态计量设施，动态累计误差<0.5%。

6) 煤炭筒仓出料口堵料成因分析及解决措施

煤炭筒仓堵塞的原因比较复杂，从实际发生的堵塞事故来看，造成煤炭筒仓堵塞的主要原因有两个方面：一是煤仓的布置形式、出口尺寸及煤仓使用管理的不合理，即所谓的外因；二是内因，即煤炭自身的原因。

(1) 堵料形成的主要内因。

① 煤的物理性能。如煤的摩擦角、塌陷角、坚韧度、黏结性等。按我国现有煤炭分类，焦煤、肥煤、气肥煤黏结性较强、流动性差，成拱机会较多。

② 煤的粒度组成。煤的粒度组成影响煤的流动性，原煤中粉煤含量越低其流动性越好，粉煤含量高其流动性就差些，成拱机会也就多些。因此，一般块煤、块矸石不会起拱。

③ 煤的水分含量。原煤的水分与粒度组成有其相互的关系，两者均是成拱的关键因素。水分若到达一定程度，煤便呈可塑状态而不再具有流动性。一般可归纳为如下三种情况：原煤水分含量<3%时呈松散状态；水分含量在3%～30%时呈可塑状态；当水分含量大于30%时，原煤则呈不稳定状态。

(2) 煤仓堵塞的形式。

堵塞物料在仓内所构成的形状，大致可以分为以下几种：

① 蓬拱现象。这是最为常见的一种堵塞，堵塞物主要是小块煤，煤粒度越小或者煤粒中掺有黏性的杂质(铝土、黄土、水等)，发生堵塞的可能性就越大，煤仓发生堵塞的部位大都集中在煤仓下部出料口的上部。在重力作用下，煤层压得很实，堵塞体的下部自然垮落，形成蓬拱状，这种堵塞可能发生在各种形式的煤仓。

② 卡塞现象。这种现象主要发生在仓的漏斗口附近，主要是块料之间发生机械性卡死的结果。卡咬多由3～5块煤组成，由于相互挤紧，往往形成很稳定的外壳。这种堵塞现象的发生主要是由于物料粒度太大或出料口断面尺寸相对太小。

③ 黏附现象。当粉料中含有一定水分时，靠近仓壁或者漏斗壁的粉料由于储料压实的影响被积压在仓壁四周。当其和仓壁紧密地黏附在一起以后，由于不断地补充，就在仓斗附近形成缩小的漏斗，使斗口断面减小，因此创造了容易结拱的条件。轻微的黏附现象对仓壁抗磨损有好处，但严重的黏附则会引起煤仓的堵塞，而且处理十分困难。

④ 棚盖现象。煤炭筒仓的棚盖现象多发生在仓内的防护设备被破坏以后，如仓壁由于防护不当而大片脱落。有时，上口卸入的杂物也可能造成棚盖现象。棚盖现象引起的煤仓堵塞处理十分困难。

(3) 煤炭筒仓出料口堵料解决措施。

解决煤炭筒仓出料口堵料问题的措施分主动和被动两类,主动措施是预防堵塞的措施,被动措施是指发生堵塞后的处理措施。结合筒仓设计特点及煤质情况,可采用的防堵料措施有:

① 卸车系统漏斗口上部设篦子,卸车系统设除铁器,篦子孔将限制大粒度煤炭和杂物进入仓内,避免堵料。

② 定期检查漏斗、溜槽等部位的耐磨衬板,以防脱落,造成堵塞。

③ 筒仓底部选择集活化物料功能和给料功能于一体的活化给料机,开口尺度大,可一定程度地解决筒仓下口起拱堵料的问题。

④ 漏斗根据物料特性设计成双折线漏斗、双曲线漏斗或者折线与双曲线组合漏斗等形式,保证料流的畅通。

⑤ 在锥斗及锥斗与仓壁交接处设置空气炮等破拱设施。

7) 筒仓内煤炭自燃机理分析及解决措施

(1) 筒仓内煤炭自燃的原因。

长期以来,一般都认为煤中黄铁矿的存在是煤炭自燃的原因。由于黄铁矿氧化成为 Fe_2O_3 及 SO_3 时能放出热量,在有水参加反应的情况下,可以形成 H_2SO_4,它是很强的氧化剂,可加速煤的氧化,促进煤的自燃。需要指出,有的含有黄铁矿的煤,虽然经过长期放置,也不一定发生自燃,而不含或少含黄铁矿的煤也有自燃现象。因此,煤的自燃并非完全因含有黄铁矿而引起。其主要原因是吸收了空气中的氧气,使煤的组成物质氧化产生热量,再被水湿润,就放出更多的湿润热,更加速煤的自燃。此外,煤的自燃还与煤本身的性质有关,如煤的品级以及煤的显微组分、水分、矿物质、节理和裂隙等。

煤的自燃从本质上来说是煤的氧化过程,可分为 5 个不同阶段。

① 水吸附阶段。与其他阶段不同,这个阶段只是个物理过程,煤与氧不会发生反应。煤吸附水虽不是煤自燃的根本原因,但它对煤自热(煤与氧气结合发生氧化并产生热量引起煤自热,煤炭温度开始升高至着火温度时导致煤自燃),特别是低品级的煤自热有重要影响。当水被煤吸附时会放出大量热,即湿润热。所以,多数情况下该阶段对煤的自燃都起着关键作用。

② 化学吸附阶段。煤自燃过程首先在这个阶段发生化学反应,该阶段的反应温度为环境温度至 70 ℃。这个过程中煤吸附氧气会产生过氧化物,因而叫作化学吸附阶段。化学吸附阶段煤重略有增加,并产生气体,其中的 CO 可作为标准气体,通过监测 CO 浓度可对煤的自燃进行早期预报。化学吸附阶段需要少量水参加反应。根据煤的品级和类型不同,化学吸附的放热量在 5.04~6.72 J/g 之间变化。若煤温达到 70 ℃时会分解,煤重随之下降,甚至比原始煤重还要轻。煤中水分的蒸发可带走一些热量,但该过程产热量仍在 16.8~75.6 J/g 之间变化。若煤氧化进行到这个阶段,想使其不自燃是非常困难的。

③ 煤氧复合物生成阶段。该阶段生成一种稳定的化合物，即煤氧复合物。其反应温度范围为150～230 ℃，产生的热量为25.2～130.4 J/g。这个阶段煤重又有所增加，煤氧化进行到这个阶段必然发生自燃。

④ 燃烧初始阶段。这是煤氧复合物生成阶段到煤快速燃烧阶段的过渡时期，煤温达230 ℃时，煤氧化可进行到这个阶段。此时煤的反应热为42～243.6 J/g，这些热量使煤温迅速上升，促进了煤的快速燃烧。

⑤ 快速燃烧阶段。这是煤自燃的最后阶段，它描述了煤的实际燃烧过程。依氧气供应充足与否，这个阶段可能发生干馏、不完全燃烧或完全燃烧。

(2) 预防筒仓内煤炭自燃的措施。

① 为了确保生产作业系统安全，保证煤炭输送、转接、存储等环节的正常作业，尽可能地避免发生煤炭自燃，应控制煤炭在仓内的存储时间，长期堆存很可能产生自燃。

② 仓内储煤要先进先出，使筒仓内所有截面的煤炭在仓内"逗留"的时间相对一致，尽可能缩短煤炭储留时间。活化给料机作业应定时(或定量)切换，切换的时间可根据运行记录合理安排。

③ 利用筒仓监测系统严密监视筒仓内的煤情变化，并根据煤的温度或自燃的程度采取相应措施，如温度较高的煤炭优先装船。

④ 筒仓在设计上避免出现死角，营运期间定期进行清仓，处理粘在筒壁上的煤炭，以防止煤炭长期堆存产生自燃。

(3) 制定筒仓内煤炭自燃应急方案。当仓内煤炭温度达到某一危险值时或温度监测失灵发生自燃时，应将仓内煤炭迅速倒出。需在设计上考虑倒仓流程(图5-35)，通过皮带机(采用阻燃型橡胶带)将煤炭倒运至露天应急堆场，同时对倒出的高温煤炭进行喷水降温处理。

5.2.4　筒仓安全监测

港口煤炭筒仓群储运系统的安全性能关系着整个专业化煤炭港口的安全运行。影响筒仓安全的因素是多方面的，如工艺结构是否科学、运行方式是否合理及综合管理是否到位等，均是不可忽视的因素。目前，超大型煤炭筒仓所存在的安全问题主要为煤炭自燃和筒仓爆炸两大方面。由于煤的导热系数较小，热量向四周扩散较慢，热量聚集在煤堆内使其内部温度升高，当温度达到煤的燃点时，煤就会发生自燃；与此同时，生成热也迅速增加，当温度、可燃气体浓度及粉尘浓度达到一定的数值后，就可能引发爆炸。

煤炭自燃并非同时全部进行，而是在自燃条件具备的局部首先发生，最后引起大面积自燃和爆燃。因此，筒仓内设计有料位、温度、可燃气体等监测设备，做到及早发现、尽快报警、尽快解决，把隐患消除在萌芽状态中。对于超大型煤炭筒仓，设置经济有效的筒仓安全监测措施是非常重要的。

1）筒仓安全监测系统

筒仓安全监测系统由现场监测设备和筒仓监控 PLC 系统组成，每个筒仓内现场监测设备应包括料位监测、温度监测和可燃气体监测。筒仓安全监测系统能够反映出每个筒仓内煤位、煤层的温度及可燃可爆气体组分的真实情况，输出数据报警，正确指导通风系统的启动和停运，指导筒仓倒仓运至应急堆场等处理方法。

筒仓顶部设置现场远程 I/O 站，在筒仓附近（如转运站内）设筒仓 PLC 分站，各远程 I/O 站与筒仓分站控制系统通过现场总线连接，筒仓分站控制系统与生产调度中心控制系统采用光纤工业以太网进行通信。在生产调度中心上位机上的系统设置画面显示、报警、打印及控制信号发出等功能，可监视各筒仓料位、温度和仓内可燃气体状态，设定预报警及报警值，达到监控筒仓安全的目的。筒仓安全监测系统结构图如图 5－38 所示。

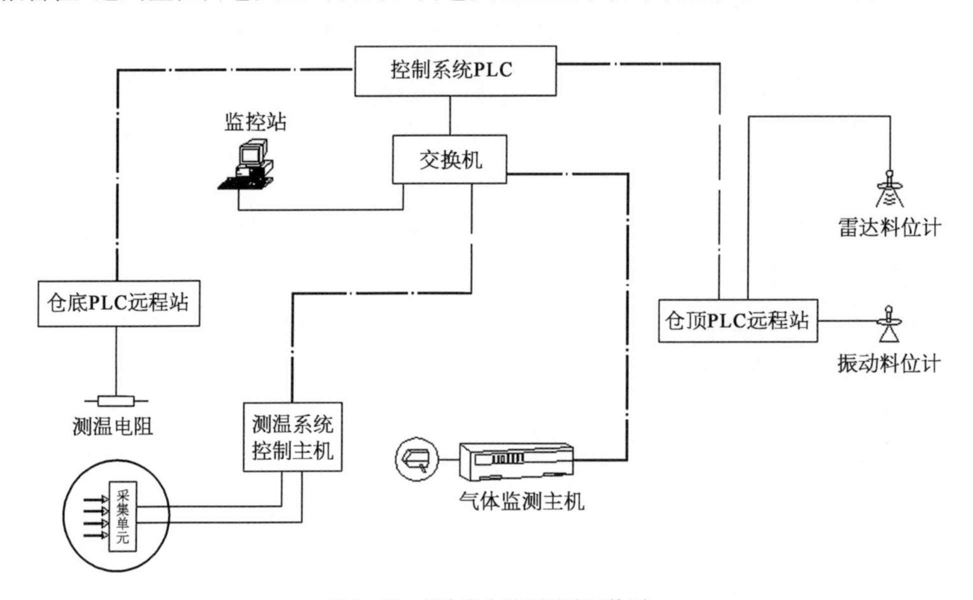

图 5－38　筒仓安全监测系统结构图

2）料位监测装置

测量料位的方法很多，针对不同的工况和介质可以采用不同测量原理的料位计，料位计总体上可分为接触式和非接触式两类。筒仓料位监测包括连续式料位监测和高料位监测开关，如图 5－39 所示。

在每个筒仓（以 6 个出料口为例）顶部布置 6 个连续监测雷达料位计，6 个料位计与 6 个出料口相对应。雷达料位计用于测量固体料位，测量范围应大于 45 m，要求穿透力强，需适应高粉尘、高噪声、振动场合。雷达料位计安装要避开进料口，以免产生虚假反射。传感器不要安装在筒仓中心处（否则传感器收到的虚假回波会增强），也不能距离仓壁太近安装，最佳安装位置在筒仓半径的 1/2 处。

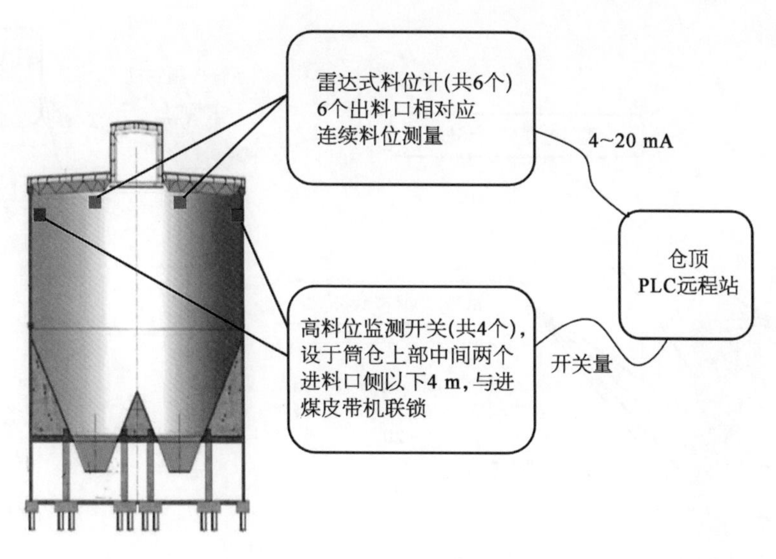

图 5-39 筒仓料位监测示意图

每个筒仓设置 4 套高料位监测开关(设于筒仓顶部),并与进仓皮带机联锁,以保证进仓作业的联锁运行;高料位应限制在进料口以下 4 m 左右为宜,该位置既可避免入仓煤炭掩埋监测传感器又不影响布料设备的正常运行。为保证监测开关准确性,高料位监测开关量与雷达料位计测量值高料位作比较,互为校验。

3) 温度监测装置

筒仓温度监测点分为下部及底部监测点和煤堆内部监测点。根据煤炭筒仓的参数情况来决定测点数量和位置,温度显示可采用多路显示或巡检,温度报警值根据储煤种类设定。其设置如图 5-40 所示。

(1) 下部及底部监测点。

在每个筒仓壁下部及底部布置 8 个 Pt100 铂热电阻测温点,测点深入筒仓内的深度应不小于 250 mm,测温范围应达到 −20～240 ℃,测点精度为 Ⅰ 级,铂热电阻测温点信号进入仓底 PLC I/O 站。

在设置 Pt100 铂热电阻时应精确确定探头及套管的长度,以保证探头可以接触到煤层,又不会因前端露出的部分过长被煤层积压破坏。探头前端用径向限位板固定,可以防止因探杆比较长而使探杆弯曲损坏,同时也可以防止煤层对探杆的腐蚀。任何可燃气体聚集、煤尘堆积的地方,就有可能成为爆燃潜在的危险点。

(2) 煤堆内部的温度测量。

每个筒仓设置 6 根测温电缆:中间 4 根,仓壁 2 根。用钢丝固定垂下并底部重锤固定。测温范围应达到 −20～240 ℃,测点精度为 Ⅰ 级;计算机将对现场采集单元巡检并读出数据,实时显示筒仓温度,设定温度超限报警值,其信号传输给监控系统,当温度超限后

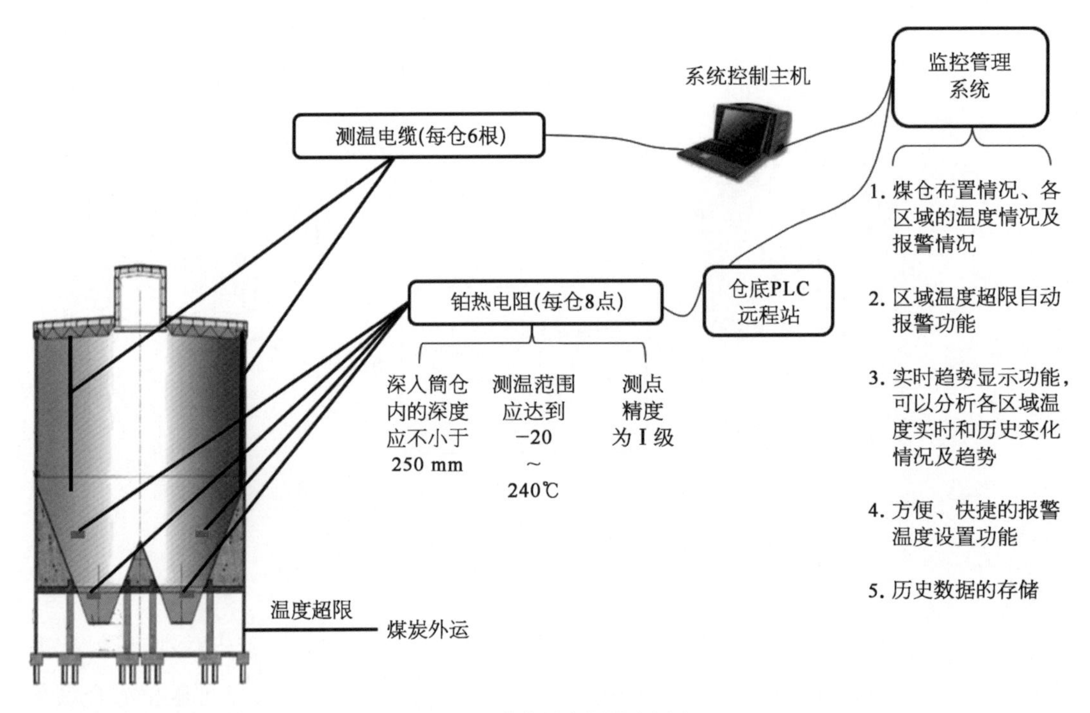

图 5-40 筒仓温度监测示意图

可报警提示并将煤炭外运。

测温电缆是能够探测一条连续路线上存在的最高温度的线状温度传感器，应用工业监控技术可以确定最高温度出现的位置。它与普通热电偶不同之处在于它的热接点不固定，而是始终与电缆上的最高温度相对应。测量元件利用热电效应，能够连续产生与其长度所及范围内之最高温度相对应的毫伏信号，可用来连续探测监控区域的最高温度。

4) 可燃气体监测装置

可燃气体浓度测量系统采用可燃气体浓度红外监测和可燃气体浓度气体采样监测两种方式，主要包括对一氧化碳(CO)、甲烷(CH_4)、乙烯(C_2H_4)、乙烷(C_2H_6)和丙烷(C_3H_8)等复合浓度进行监测。

(1) 可燃气体浓度红外监测。

每个仓上设置 2 个监测点，实现方式为使用红外探头对现场的可燃气体进行监测，并将数据通过 RS485modbus RTU 总线传输至工业以太网交换机和 PLC。监测探头可通过专用软件远程进行配置、维护和故障诊断，而总线传输方式具有节省电缆、节省 I/O 的成本优势。

(2) 可燃气体浓度气体采样监测。

在每个筒仓内顶部设置 2 个固定式现场采气头；可以将相邻的筒仓(如 8 个仓)作

为一线进行在线巡检分析；现场采气头采集出来的气体通过管路及阀组被引至气体分析系统，逐个进行分析（分析完后自动对管道进行反吹），每个采集点都分别得到CO和碳氢化合物（CH_4、C_2H_4、C_2H_6和C_3H_8等）复合浓度的数据，计算出复合浓度和链烷比，并且示出最高值。

每条线由1套在线气体分析系统、16套（如8个仓）独立的采样回路和巡检切换装置组成，系统包括各种采样部件如降温装置、过滤装置（除尘除水装置）、流量计和流量控制单元、泵、传感器、变送器、控制器等。具体流程如图5-41所示。

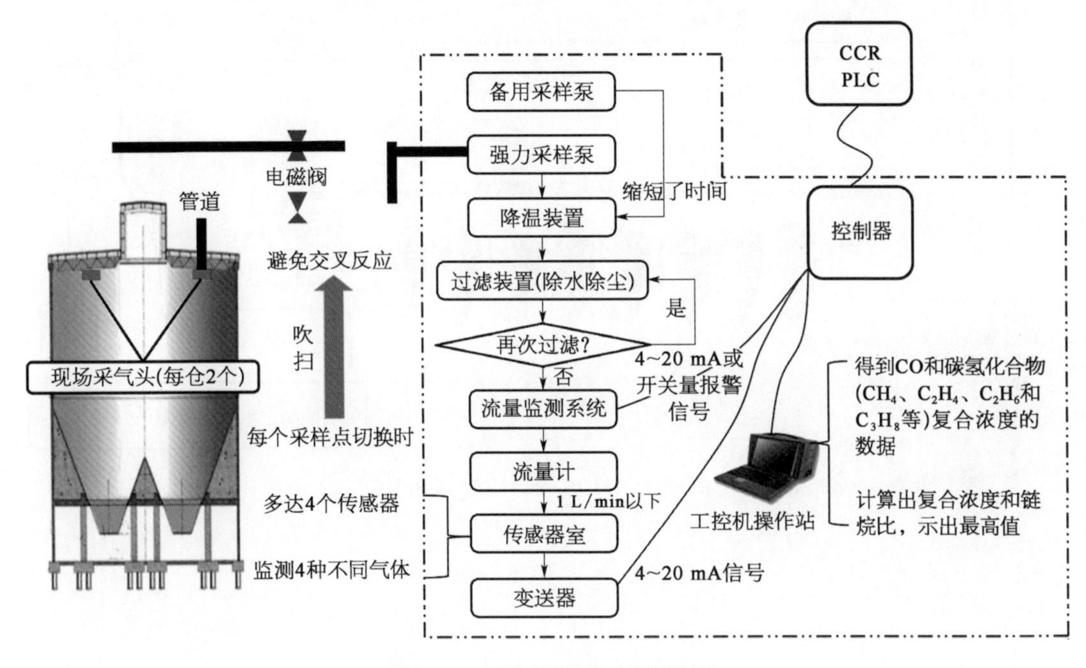

图5-41　筒仓在线气体分析系统图

5）筒仓安全卸料控制

筒仓卸料系统主要由卸料小车完成，每台卸料小车负责一线（如8个仓）。卸料小车通过自身的往返走行，将来料卸到指定目标料仓中以完成安全卸料作业。

采用国际领先的格雷母线精确定位技术来对卸料小车的位置实时进行监测，通过PLC准确地控制卸料小车运行到指定位置进行配卸，从而实现对卸料小车的远程联锁控制和监控，杜绝错仓混料事故，提高工作效率。

格雷母线位置监测系统以相互靠近的扁平状的格雷母线和天线箱之间的电磁耦合来进行通信，并在通信的同时监测到天线箱在格雷母线长度方向上的位置。格雷母线车上位置监测工作方式：地址编码发生器安装在固定站，通过格雷母线芯线发射地址信号，天线箱、地址编码接收器安装在移动站上，移动站直接监测到地址。监测到的地址信号送给车上 PLC 来满足远程联锁控制要求,同时可在中控室对整个运行过程模拟显示,包括卸料小车的当前位置、走行方向等,实时监控小车的运行情况。系统组成如图 5-42 所示。

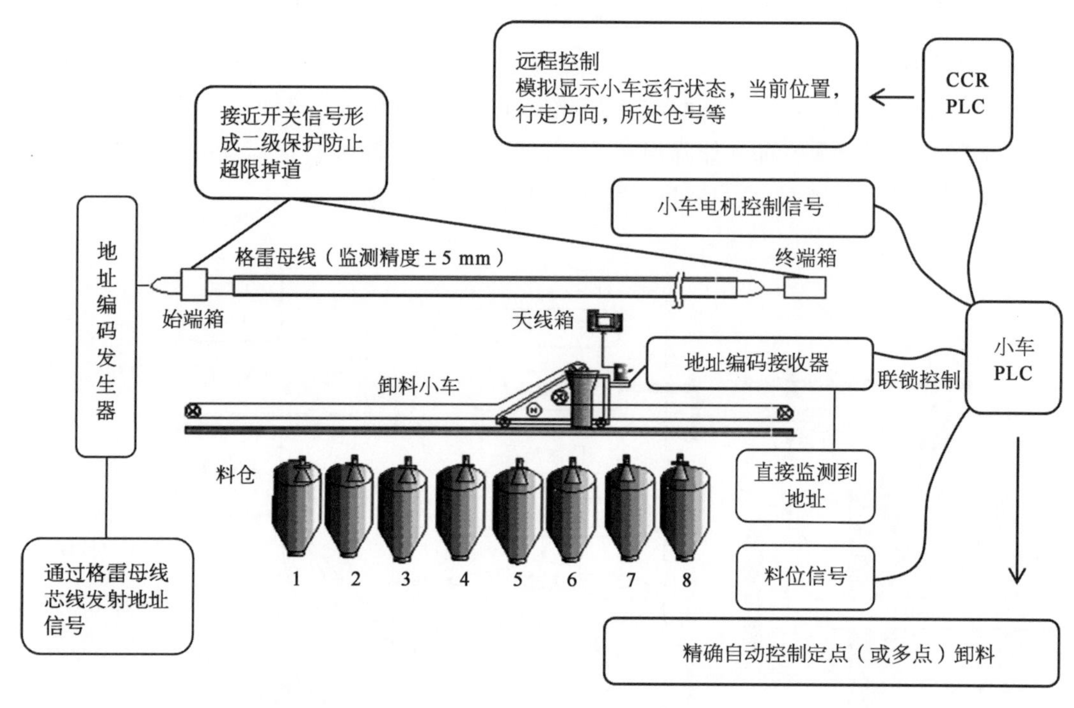

图 5-42　筒仓安全卸料控制系统图

第 6 章

装船机粉尘控制

装船机是煤炭港口装船作业线的主要设备，具有作业时间长、运量大的特点。目前，装船机的主要扬尘部位有臂架悬臂回程皮带、尾车物料转接处、溜筒底部大铲等，这些扬尘部位需重点进行粉尘控制技术创新。

6.1 装船机臂架粉尘控制

在装船机作业过程中，悬臂皮带机导料槽存在洒落煤的现象，在雨天或者黏煤的情况下悬臂皮带回程洒落煤泥的情况尤为严重，需要大量的人力和物力进行专项的清扫和收集，而且对环境造成了一定的影响。经过分析及现场长时间的观察发现，装船机洒落煤起尘主要集中在尾车物料转接处及臂架悬臂回程皮带。国外工程的装船机上有使用臂架落煤回收的装置，但无法实现全自动回收，需要人工辅助清理。国内，目前还没有装船机臂架落煤回收装置。

经研究和实践，通过在装船机固定臂下方安装通长的接料板，同时在臂架头部滚筒采用2道清扫器，在臂架皮带机尾部安装存煤漏斗、收料溜槽及附属装置(图6-1)，可解决装船机臂架落煤自动回收问题。漏煤被接料板收集后，在臂架俯仰过程中回落到存煤漏斗，臂架在水平位置时可打开存煤漏斗的闸门，漏煤通过收料溜槽回收到码头皮带机，在码

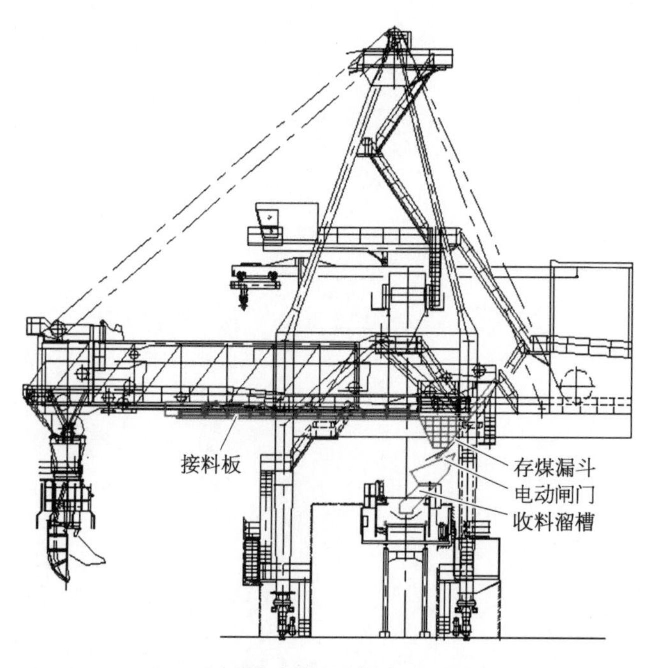

图6-1 装船机臂架及漏斗改造示意图

头皮带机头部集中清理，从而实现积煤的自动清理。为了避免冬季冻煤或者黏煤附着在接料板或漏斗上无法自动脱落回收，在接料板下方可设置2台小型振动电机，在漏斗侧壁设置1台振动电机，用来辅助清理黏煤。同时，在接料板及漏斗上方分别设置1台监控摄像头，便于观察存煤情况，以便及时清理(图6-2)。

图6-2　装船机固定臂接料板实物

6.2　装船机尾车粉尘控制

装船机在进行装船作业时同样会产生扬尘，而且由于装船机靠近海域，风力影响更大，防尘抑尘措施不到位会因风力作用产生更大的扬尘。由于装船机和堆取大机在机械结构、作业流程上有许多相同的地方，因此重点产尘原因和部位也基本相似，堆取大机采用的防尘措施也应在装船机上实施。如在尾车皮带机两侧加装挡风板，如图6-3所示；在进料口的抛料滚筒处加弧形导流板，实现对料流的柔性约束(参照图4-3)；在底部出料口加装勺形卸料溜槽，实现落料点与臂架皮带的中心对正(参照图4-7)；在尾车头部抛料滚筒下方安装皮带清洗清扫装置(参照图4-13)或余料收集装置(如接料板等)等。同样，装

(a) 正面

(b) 侧面

(c) 侧面近景

图 6-3　装船机尾车皮带机两侧加装挡风板

船机尾车转接区域也是逸尘口之一，故也应在其尾车进料口加装多级挡尘帘，并在此区域设置洒水喷嘴组，以保证除尘效果。同时，通过臂架皮带机尾部导料槽两侧装设的密封裙板和挡尘帘实现对扬尘的管控和约束；加之设置洒水喷嘴组，可大幅度减少尾车转接区域的物料洒落和扬尘。转接区域密封裙板、挡尘帘及洒水喷嘴组参照图4-10和图4-11。

6.3　装船机溜筒抛料部位粉尘控制

装船机溜筒底部的大铲为抛料部位，同时可用于煤炭装船作业时的平舱作业，当煤炭含水率较低时，此处在装船抛料过程中扬尘严重。现场观测和试验表明，在溜筒周围布置多级挡尘帘可有效抵抗风力对煤炭粉尘的起动扬尘作用，实现对溜筒抛料部位扬尘的约束；同时，在溜筒周围布设环形洒水管路，管路上设置洒水喷嘴，喷嘴的喷洒范围应能包裹覆盖大铲的敞开区域，通过对大铲周围进行喷洒水，对抛料落差形成的冲击扬尘进行抑制。对供水水质稍差的工程，应在洒水管道前段增加水过滤系统，以减少喷嘴堵塞概率。同时，在日常作业中要加强对洒水喷嘴的点检和维护，以确保洒水抑尘系统能有效工作。经现场对比试验验证，多级挡尘帘与喷洒水共同作用，可实现对装船机装船抛料部位扬尘的有效控制(图6-4)。

图6-4　装船机溜筒及洒水管道

第 7 章

粉尘智能监测与控制系统

为提升煤炭港区粉尘控制设备效率并合理利用水资源，煤炭港区应设置智能洒水抑尘控制系统：根据各环节生产作业特征构建全流程粉尘在线监测系统，通过控制系统建立实时监测数据、天气状况与洒水抑尘设备的联锁互动，实现煤炭港区各流程粉尘控制的精细化、智能化。

7.1 煤炭港区粉尘智能监测

7.1.1 煤炭含水率在线监测系统

煤炭在港口转运过程中不可避免地会带来扬尘，遇到大风等恶劣天气时经常会产生严重的煤尘污染。传统港口洒水抑尘作业主要依靠人的主观经验来进行，往往造成洒水过少防尘效果不佳或洒水过多浪费水资源。同时，煤炭含水率的增加意味着煤炭中有效成分相对减少，并且水分在燃烧时变成蒸汽要吸热，会降低煤炭的发热量，造成煤炭质量下降。因此，在港口转运过程中保证煤炭水分在合理的范围内一直是用户关心的一个重要问题。

国内外对含水率测量技术已开展大量研究，目前常用的方法有烘干法、电阻法、电容法、红外法、中子法和微波法等。烘干法是从现场取样送至实验室测量，故无法实现煤炭含水率的快速测量。电阻法测量含水率时传感器需接触被测煤炭，其接触状态影响测量精度。电容法和红外法受煤炭种类、粒度变化、煤层厚度变化等因素影响，测量精度和响应时间不能满足港口多煤种混合煤炭含水率在线监测的要求。中子法无法测量除水以外还有其他含氢物质物料的含水率，且中子源具有放射性。相比之下，微波法采用非接触测量，其影响因素少、测量精度高、无放射性污染，是在线监测煤炭含水率较理想的方法。因此，煤炭含水率在线监测系统采用微波监测技术，实现运输煤炭含水率的实时监测，在抑制起尘的同时控制煤炭水分，保障煤炭质量，提高港口货运服务水平。

1）微波监测原理

微波透射技术能够应用于煤炭含水率监测是由于水的介电常数比煤炭的介电常数大很多，因此即使煤炭中水分含量有微小变化也会导致混合物介电特性发生较大的变化。当微波进入有损耗的介质中，透射能量的计算公式为：

$$I_T = I_O e^{-\alpha z} \tag{7-1}$$

式中 I_T——透射能量；

I_O——入射能量；

α——衰减系数；

z——固定距离。

水分子的极化损耗使微波透射能量按照指数规律变化，当 z 确定时，含水率仅与衰减系数 α 有关，故而可以通过微波接收天线的输出功率得到煤炭含水率。用微波监测含水率时，由于微波具有非常强的穿透力，不仅可以监测到被测物质表面的水分含量，还可以监测到被测物质内部的水分含量，因此用该方法监测得到的是煤炭全水分。

2）煤炭含水率在线监测装置

传统的洒水抑尘设备通常不能精确控制洒水量，往往存在洒水量过多或过少的问题，对生产造成不良的影响。在安装煤炭含水率在线监测装置后，洒水抑尘系统可根据监测结果对洒水量进行自动调节和监测，既可避免洒水过多造成煤炭黏度过大影响生产，又可解决洒水不足产生的扬尘污染问题。

煤炭含水率在线监测装置安装在翻车机房振动给料机出口处（图 3 - 10），监测经过洒水后的煤炭含水率。将监测结果反馈到控制系统，控制系统根据数据比对实时对洒水量进行自动调节，形成一个闭环控制。煤炭含水率在线监测装置采用的是微波式水分检测仪，在实现含水率实时精确监测的同时，也可为控制系统提供稳定、可靠的含水率数据。

7.1.2　煤炭港区在线粉尘监测系统

煤炭港区露天堆场各垛位堆存不同种类的煤炭，少数煤炭粉尘颗粒会在堆取料机动态装卸和堆垛达到起动风速的情况下形成扬尘。

露天堆场的粉尘释放有其自身的特殊性：露天堆场的面积有限，其粉尘飘散的影响多为防风网内部与防风网周边区域，且影响的目标明确。露天堆场的粉尘来源一般由两部分组成：一是煤炭处于装卸、中转等作业模式下产生的动态起尘；二是煤垛处于静止状态下由风蚀作用造成的静态扬尘。为达到实时监测粉尘浓度的目的，满足搜集、积累港区粉尘数据的需求及港区粉尘控制设备智能联动的要求，应在煤炭港区设置在线粉尘监测系统。

1）设备选型

气溶胶是大气中液态或固态颗粒物的总称。雾、烟、霾、霭、微尘等都是自然形成的或人为制造的大气气溶胶，它们都能作为水滴和冰晶的凝结核参与各种大气循环，是大气的重要组成部分，为本系统主要取样物质。TSP（total suspended particulate）即粒径小于 100 μm 的颗粒物总称，又称总悬浮颗粒物。总悬浮颗粒物分为人为源和自然源：人为源主要是居民生活与工业生产过程中人为活动排放出来的污染源；自然源主要是土壤、沙尘在风力作用下飘散到空气中形成的污染源。由于煤炭港区主要粉尘污染为 TSP，因此本系统主要监测的对象为 TSP。

同时，控制系统需掌握煤炭港区实时天气状况，作为控制指令的依据。因此，在线粉尘监测系统一般应具备以下功能：

(1) 实时监测大气中总悬浮颗粒物浓度(TSP)的功能。

(2) 实时监测大气中温度、湿度、气压、风速、风向的功能。

(3) 粉尘浓度超标时设备自行进行视频抓拍的功能。

(4) 本地 LED 屏实时显示的功能。

(5) 视频与监测数据实时上传的功能。

目前常用的在线式粉尘监测设备主要分为激光在线式粉尘监测设备、β 射线在线式粉尘监测设备、静电感应在线式粉尘监测设备等。它们既能满足煤炭港区粉尘控制设备智能联动，又能以秒级速度监测传输粉尘与气象数据的首选激光在线式粉尘监测设备。

激光在线式粉尘监测设备主要通过设备内部微型抽气泵将待测气溶胶抽入粉尘颗粒物监测室内，被抽入监测室内的待测气溶胶自发分流成为两部分：一部分经过设备内部的过滤器被过滤为干净的空气，作为保护鞘气来保护传感器室中的监测元器件不受待测气溶胶污染；另一部分作为待测样品直接进入传感器室，传感器室中的主要监测元器件为激光二极管、透镜组和光电探测器。监测时，激光二极管发出激光穿过透镜组形成光源，光源照射在流经传感器室的待测气溶胶时发生散射或折射，被光电探测器吸入用来监测强度。光电探测器受光照之后产生电信号，与气溶胶的质量浓度成正比，最后乘以电压校准系数，得出粉尘颗粒物浓度。

2) 布点方案

选定需要安装的粉尘监测设备类型之后，针对煤炭港区的作业特点进行相应的布点安装，粉尘监测设备布设需遵循以下原则。

(1) 全局性，应能够较为全面地监测煤炭作业区总体粉尘扩散状况。

(2) 局部性，应能够监测重点起尘环节粉尘扩散状况。

(3) 合理性，应不影响场区正常生产作业。

(4) 兼顾性，需兼顾后期使用人员的不同需求。

以采用此技术的黄骅港煤炭港区为例，结合上述原则设计的布点方案如下。

黄骅港煤炭港区共有 15 个露天堆场，分布在 3 个(期)作业厂区，一期 6 个露天堆场、二期 6 个露天堆场、四期 3 个露天堆场，每个露天堆场根据堆存煤种的不同都有各自的作业特点。堆存期短不易起尘的堆场对大气释放的尘粒少，相应洒水除尘设备启停的频率就低；堆存期长且易起尘的堆场对大气释放的尘粒多，相应洒水除尘设备启停的频率就高。

综合上述，分别在煤炭港区各进港大门处安装 1 台在线式粉尘监测设备，设备具备前文所述 5 种功能，监测进港区域粉尘浓度实时数据，重点是进港车辆扬尘情况。通过数据平台与现场 LED 屏对外发布数据,对发生的高浓度扬尘事件进行有效抓拍并上传至数据平台。

此外,在煤炭港区一期 6 个堆场的西北与东南角呈折线形式安装在线式粉尘监测设备,设备具备前文所述 3 种功能,不包括视频抓拍与 LED 屏显示功能;在煤炭港区二期 6 个堆场及四期 3 个堆场分别安装在线式粉尘监测设备,位置与功能同一期堆场一致。

在一到四期各码头对应的泊位安装在线式粉尘监测设备,功能同堆场一致,监测煤炭码头粉尘浓度实时情况。

在一到四期翻车机房分别安装在线式粉尘监测设备,功能同堆场一致,监测整个煤炭港区翻车机区域粉尘浓度实时情况。

综上所述,煤炭港区共安装实时在线式粉尘监测设备 46 台,主要包括港区 3 个进港门口 3 台,一、二、四期堆场 17 台,一～四期码头 13 台,一～四期翻车机 13 台。位置示意如图 7-1 所示。

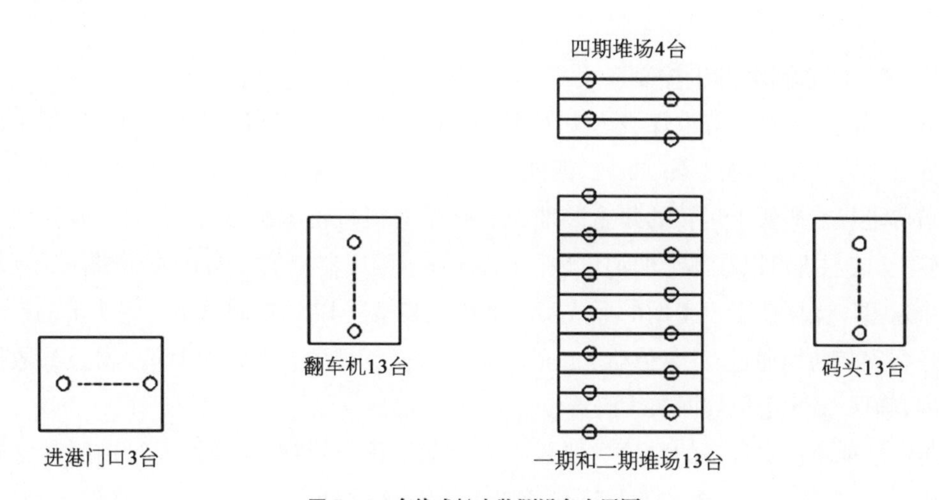

图 7-1　在线式粉尘监测设备布置图

3) 软件系统

在硬件选型与煤炭港区粉尘监测设备整体布点方案确定之后进行软件系统设计。软件系统功能主要分为对外粉尘数据发布功能、对内粉尘数据存储与粉尘控制设备智能联动功能。

对外粉尘数据发布功能主要是将粉尘监测设备实时采集到的粉尘浓度、气象数据与视频信息,采用有线或无线的形式上传到环保中心服务器,再根据相关规定通过网页或手机 App 的形式对外发布。粉尘数据发布流程如图 7-2 所示。

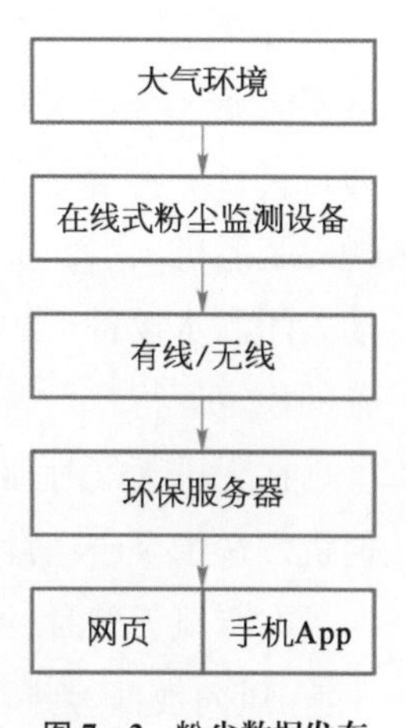

图 7-2　粉尘数据发布流程

粉尘控制设备智能联动是指系统采集到的粉尘监测数据同已在煤炭港区内安装的洒水除尘设备进行联锁互动。

7.2 洒水抑尘设备智能控制系统

7.2.1 翻车机底层洒水抑尘控制

翻车机底层洒水抑尘设备智能控制技术集计算机网络技术、自动控制技术和信息管理技术于一体，共分为 4 个部分：洒水控制及数据采集系统、PLC 控制系统、网络传输系统、终端显示及存储系统。洒水控制及数据采集系统主要由洒水管路电动阀、流量传感器及煤炭含水率监测装置等组成，系统采用流量传感器，能够实时采集管道中水流的瞬时流量值和累计流量值，通过电动阀控制洒水流量的大小，通过煤炭含水率监测装置实时监测洒水后的煤炭含水率，系统将各种数据实时反馈到 PLC 控制系统。具体内容详见第 3 章 3.2.4 节。

7.2.2 装船洒水抑尘控制

以采用此技术的黄骅港煤炭码头为例：一期工程有 4 个泊位，4 台装船机，每个泊位分别安装 1 台粉尘监测设备；二、三、四期工程同样在各个泊位上安装粉尘监测设备。

黄骅港煤炭码头上运转的每台装船机自带绝对值行走编码器，编码器安装在装船机行走轮上，装船机可以在邻近的泊位进行往返运动，编码器定位数据在装船机往返运动的过程中通过以太网或者设备网的形式实时上传至装船机 PLC 控制系统。码头上的粉尘监测设备在安装前期通过 GPS 手动定位的方式定好坐标位置，同装船机编码器位移数据进行校准，确保 GPS 定位数据与编码器位移数据相一致。

传统装船机洒水设备的启停主要靠人工手动干预，当装船机司机通过肉眼观察到作业煤尘较大时，点击操作台按钮打开洒水设备，当煤尘较小时司机关闭洒水设备，但通过肉眼观察起尘量存在误差，司机不能精准地控制好洒水时机，造成洒水不及时或洒水过量的情况发生。在码头上安装粉尘监测设备后，13 台粉尘监测设备的粉尘浓度数据、气象数据实时通过有线或无线的形式上传至 13 台装船机 PLC 控制系统。装船机 PLC 控制系统通过自身逻辑指令进行浓度值判断：当粉尘浓度高于预设的报警浓度值时，延时 60 s 自动触发装船机洒水设备启动；当粉尘浓度低于预设的报警浓度值时，经过 60 s 的防抖延时自动关闭洒水设备。60 s 防抖延时的目的是防止装船机洒水系统的频繁启停，保护洒水设备的稳定运行。

在无风天气时，高粉尘浓度环境的粉尘监测设备可发送数据至紧邻的作业装船机，装船机发送指令启动自身洒水系统，当粉尘浓度低于报警值时装船机关闭自身洒水系统。

在有风天气时，粉尘监测设备附近正在作业的装船机 PLC 控制系统会实时自动分析风速、风向数据，判断粉尘飘散方向，与邻近装船机 PLC 控制系统进行实时数据交互。当粉尘监测设备上风向粉尘浓度较高时，上、下风向正处于作业过程的装船机洒水系统全部启动；当粉尘监测设备下风向粉尘浓度较高时，仅开启下风向作业的装船机洒水系统。

本系统还可根据温度及湿度自动调节洒水时间，在温度较高、湿度较低的环境下延长装船机洒水时间，在温度较低、湿度较高的环境下缩短装船机洒水时间。具体洒水时间的时长根据长期洒水经验数据积累分析，录入装船机 PLC 控制系统中，从而实现智能控制。

7.2.3 堆场洒水抑尘控制

以往堆场中洒水设备的开启主要是由操作人员通过肉眼观察，根据堆场中的起尘量与设备启动作业时序决定。这样就会由于人的主观观察误差或作业时序的不确定性出现应该除尘的时候洒水设备未启动，而环境状况好的时候洒水设备启动的情况。为了保障堆场中洒水设备的智能调控及节约水资源，应构建堆场洒水设备智能控制系统。

以采用此技术的黄骅港为例，煤炭港区喷枪由东至西分布在 15 条堆场两侧，传统操作方式为在每天固定的时间段由堆场 PLC 控制进行时序喷洒，当出现下雨天气或其他不适宜洒水的天气时由人工进行手动停止，当个别煤垛需要重点洒水而不在洒水时序内时由操作人员手动开启洒水。

粉尘监测设备的引入将去除人为主观因素的影响，从而实现堆场洒水的智能化。粉尘监测设备的安装位置根据堆场作业特点在单个堆场南北两侧呈对角模式各安装 1 台，整个一、二、四期堆场粉尘监测设备的安装呈对角折线形式，粉尘浓度数据与温度、湿度、气压、风速、风向数据通过有线或无线的形式上传至堆场 PLC 控制系统中，堆场粉尘监测设备安装位置示意如图 7－3 所示。

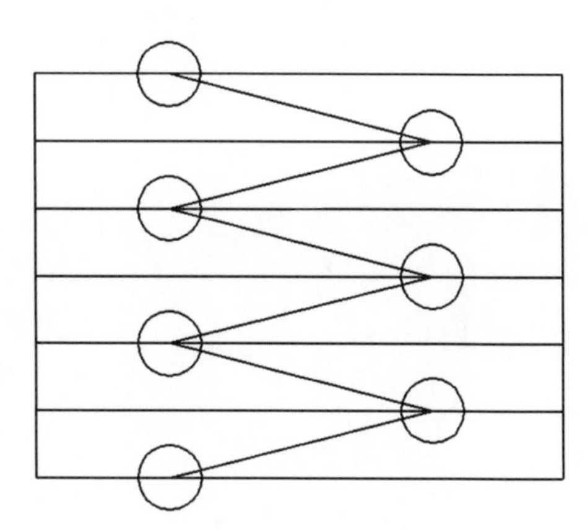

图 7－3 堆场粉尘监测设备安装位置示意图

以堆场中最顶部粉尘监测设备为例，简称 1 号粉尘监测仪。与之斜线对应的为 2 号粉尘监测仪，以此类推。每台粉尘监测仪固定或交叉控制半个堆场区域的喷枪洒水系统。

如在无风低湿度天气时，3 号粉尘监测仪监测到高浓度粉尘数据，以监测仪为中心，开启所辖堆场喷枪洒水系统直到粉尘浓度降低到预设值时关闭喷枪。

在有风低湿度天气时，3 号粉尘监测仪监测到高浓度粉尘数据，以监测仪为中心，根据风速、风向数据判断喷枪开启范围。当前风向为上风向且监测到的风速高于煤炭起尘风速且风力较小时，开启粉尘监测仪所辖堆场喷枪洒水系统；当前风向为上风向且风速较大时，开启斜线对应的 2 台粉尘监测仪所辖堆场喷枪洒水系统；当前风向为下风向且风速高于煤炭起尘风速且风力较小时，开启粉尘监测仪所辖堆场下风向堆场喷枪洒水系统；当前风向为下风向且风速较大时，开启粉尘监测仪所辖堆场下风向堆场喷枪洒水系统及斜线对应的粉尘监测仪所辖堆场喷枪洒水系统。

在高湿度天气时，关闭堆场喷枪洒水系统，在特殊情况下还可由人工手动开启相应垛位喷枪设备。

7.2.4 粉尘监测信息发布

港区各进港门口处安装的粉尘监测设备，可将粉尘监测数据通过数据平台与LED屏对外发布，观测者可方便、直观地对港区粉尘浓度与港区外粉尘浓度进行对比。对发生的高浓度粉尘事件，设备通过自身的视频系统进行有效抓拍并上传至数据平台，便于管理人员进行港区内外数据分析；同时，设备兼顾监测进港车辆扬尘情况，便于现场人员有效管理。

第 8 章

粉尘控制相关配套设施

为切实解决煤炭港区粉尘污染问题，除了要进行粉尘源头控制、过程控制、智能监测控制外，还有两个相关问题需要重点关注：一个是如何处理清扫、除尘设备收集的粉尘；另一个是如何保证港区有足够的洒水除尘用水。基于此，需从粉尘回收利用和水资源利用两方面进行研究并配套相关设施。

8.1 粉尘回收利用

8.1.1 煤炭港区粉尘收集系统

煤炭港区道路的机械化清扫及皮带机头部粉尘收集箱、布袋除尘器、静电除尘器等设备定期清理收集的粉尘较多，如黄骅港每天收集的煤尘多达数十吨。道路机械化清扫、除尘设备清理等收集的煤尘，传统处置方法是就近回垛，并随堆存的煤炭一起装船。由煤炭起尘机理可知，煤尘颗粒粒径与起尘量密切相关，粒径越小越易起尘。因此，这些清扫收集的细颗粒煤尘在堆存和转运过程中极易二次逸出，使堆存过程及装船作业时再次产生扬尘污染。这个问题在初期研究时未被重视，但随着其他粉尘治理措施的实施，这一问题越发凸显出来，成为妨碍治理效果的一个重要因素。为提高粉尘治理效果，必须将清扫收集的煤尘做集中处理。

对于皮带机头部漏斗下方增设的粉尘收集箱（具体介绍见第 4 章 4.2.1 节），箱内粉尘应定期清理并集中收集。为保证在清理收集过程不再产生二次扬尘，研发了粉尘收集箱整体换装设施，包括整体换装钢架、可移动粉尘收集箱及专用转运汽车。在粉尘收集箱下方配置专用配套钢架，粉尘装满收集箱后使用改装的专用汽车整体将重箱运至粉尘处理车间，现场更换成空箱，如图 8－1 所示。同样，专业化清扫车（图 8－2）在粉尘收集至满箱后，直接进入粉尘处理车间处置粉尘箱，取消中间倒运环节。

8.1.2 粉尘处理加工工艺

为处理好收集的细颗粒粉尘，应在煤炭港区设置粉尘处理车间，通过机械化手段，将清扫车及皮带机头部粉尘收集箱、布袋除尘器、静电除尘器等设备收集的粉尘集中处置。粉尘处理车间将收集的粉尘统一制成煤饼，再回放至堆场，这样可杜绝二次扬尘的产生。

粉尘处理车间由粉尘堆存池、清水池、搅拌装置、渣浆泵、压滤机、皮带机等组成，工艺流程如图 8－3 所示，平面布置如图 8－4 所示。汽车将回收粉尘集中运送至粉尘堆存池，加一定比例的水后通过搅拌装置搅拌，煤、水混合物料通过渣浆泵输送至压滤机进行多次

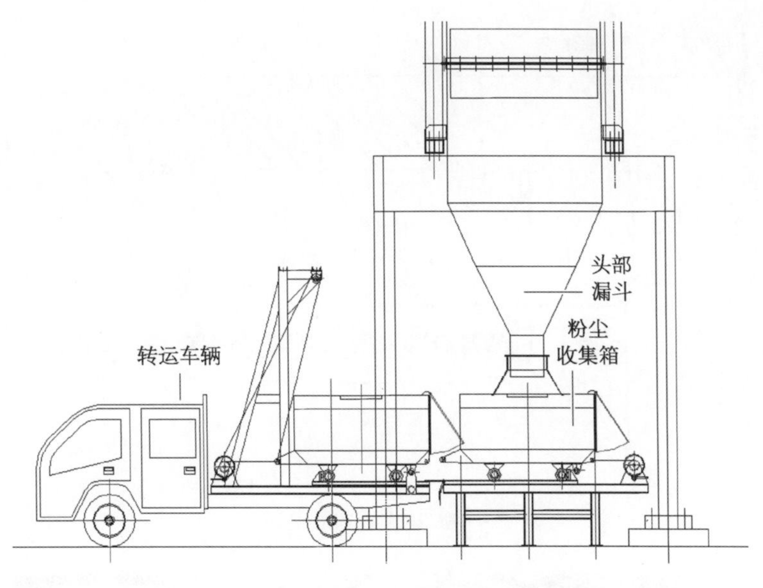

图 8-1　头部漏斗粉尘收集箱整体换装设施

图 8-2　煤炭港区专业化清扫车

压榨，并保证压滤后的煤饼水分控制在 25%～30%，压制而成的煤饼通过皮带机输送至转运车辆，装车并回放至堆场(图 8-5)。粉尘处理车间的处理能力可根据煤炭港区产尘量确定，如采用此技术的黄骅港煤炭码头粉尘处理车间的最大处理能力为 50 t/d。

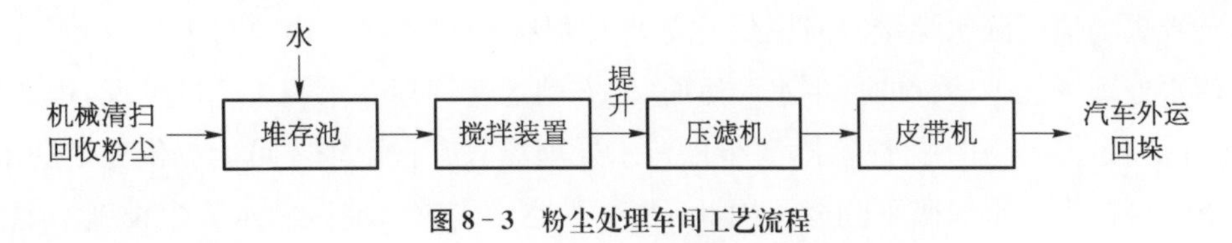

图 8-3　粉尘处理车间工艺流程

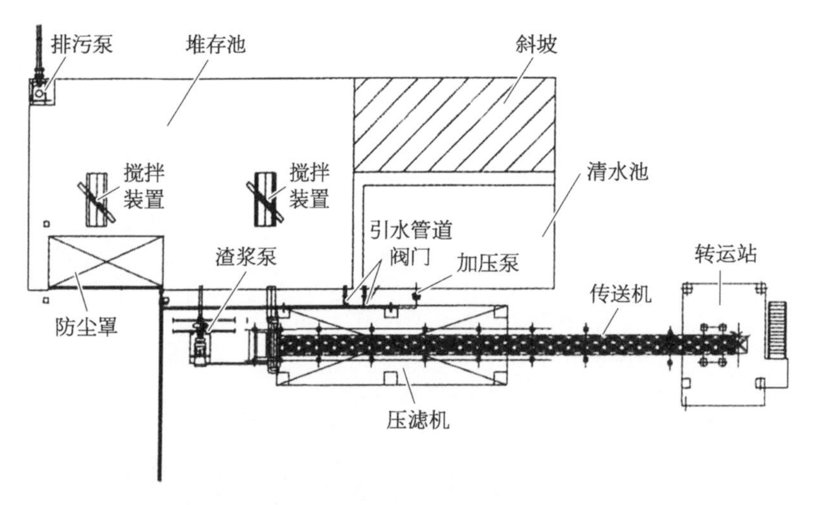

图 8-4 粉尘处理车间平面布置[34]

图 8-5 煤饼装车外运实景

通过上述粉尘回收利用技术，可系统地解决煤炭港区粉尘的回收处理问题，不仅减少了货源损失、创造了经济效益，而且杜绝了粉尘的二次污染。

8.2 水资源利用

传统煤炭港区洒水除尘、冲洗、绿化等环境保护用水主要为市政自来水，小部分来自港区污水处理场处理达标的再生水。然而，北方港区普遍存在水源匮乏的情况，市政供水往往不能满足煤码头的用水需求，且港区污水处理场只有在雨季才可能提供充足的水源，其他季节可提供的水源微乎其微。因此，水源不足往往成为港区洒水除尘设施不能发挥有效作用的制约因素。为保证港区粉尘控制系统所需用水、降低用水成本，应积极开发利用其他水源，增大煤炭港区储水能力，实现水资源的充分利用，打造港区生态循环水系统。

8.2.1　压舱水资源开发利用

船舶压舱水（也称压载水）是为了保证船舶空载时的平衡和稳定，降低船舶重心，保证船舶航行安全而装载的水。大型船舶一般设有专用的压载水舱，启航前可装载停泊水域的海水或淡水，抵达目的港装载货物时再将压舱水排出。以黄骅港为例，来港船舶均是空载而来，携带大量的压舱水，到港后进行煤炭装船，需排放压舱水。因黄骅港的到港空船均来自内河港口，故其装载的压舱水均为我国内河淡水。

分析认为，可以尝试将船舶压舱水作为港区的除尘水源。通过黄骅港煤炭码头试验检测，到港船舶压舱水氯离子含量低，水质基本符合除尘用水水质标准，但受到船舶压舱水排放设施的限制，加之码头没有相应的接收设施，实现压舱水的接收还需要进行相应的设施改造。

1）船舶压舱水提升设施

首先应对固定航线船舶进行改造，新增压舱水提升泵组及配套管道，船泵的扬程与码头接收设施应相匹配。在船舶靠岸后，还应使用氯离子检测仪等检测设备对压舱水水质进行化验，符合除尘用水水质标准的即可提升上岸。

2）码头及陆域压舱水接收设施

码头应设置压舱水管道及接口，与船舶压舱水出水口实现对接，管道可采用明设方式，接口为国标快速接口。同时，陆域应设置提升泵房、压舱水蓄水池等设施，再通过回用水泵实现压舱水回用。压舱水接收流程如图 8－6 所示。

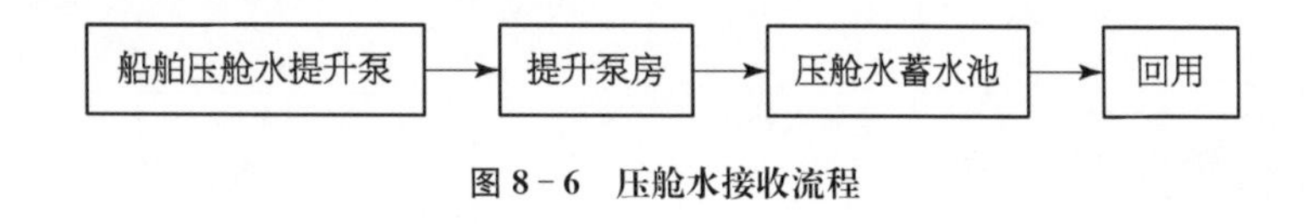

图 8－6　压舱水接收流程

8.2.2　煤炭港区生态循环水系统

以港区闲置场地资源为基础，可建设生态水系，用于储存污水达标水、淡水压舱水及夏季雨水，实现水资源的循环利用，同时兼顾生态景观功能。

1）生态水系建设

综合考虑水体的回收利用及景观建设，以港区闲置场地资源为基础，可在港区建设生态水系。在采用此技术的黄骅港煤炭港区即建设了以“两湖”“三湿地”为主体、水域面积约 63 万 m^2的生态水系。

根据不同进水水质，合理确定新建水系的形式，实现不同水体按水量设置、分水质管理。

(1)“两湖”的作用。

实现清洁雨水收集和压舱淡水回收，满足港区绿化和喷淋除尘需要。

(2)“三湿地”的作用。

① 用于港区防洪，收集强降雨天气下经过含煤污水处理站初级沉淀后的过量含煤污水，进行有效收集和分级沉淀，待降雨完成后重新进入港区含煤污水处理站处理达标后回用。

② 对淡水压舱水及污水处理站的过量含煤污水达标水进行收集储存，起到水量调节作用。

2) 生态水系循环

根据不同水体的功能定位，应对各水体进行分类管控，实现不同水系之间的有效联通及生态循环，实现水资源的循环利用，同时提升水系的生态循环功能。黄骅港煤炭码头生态水系具体循环路径如图 8-7 所示。

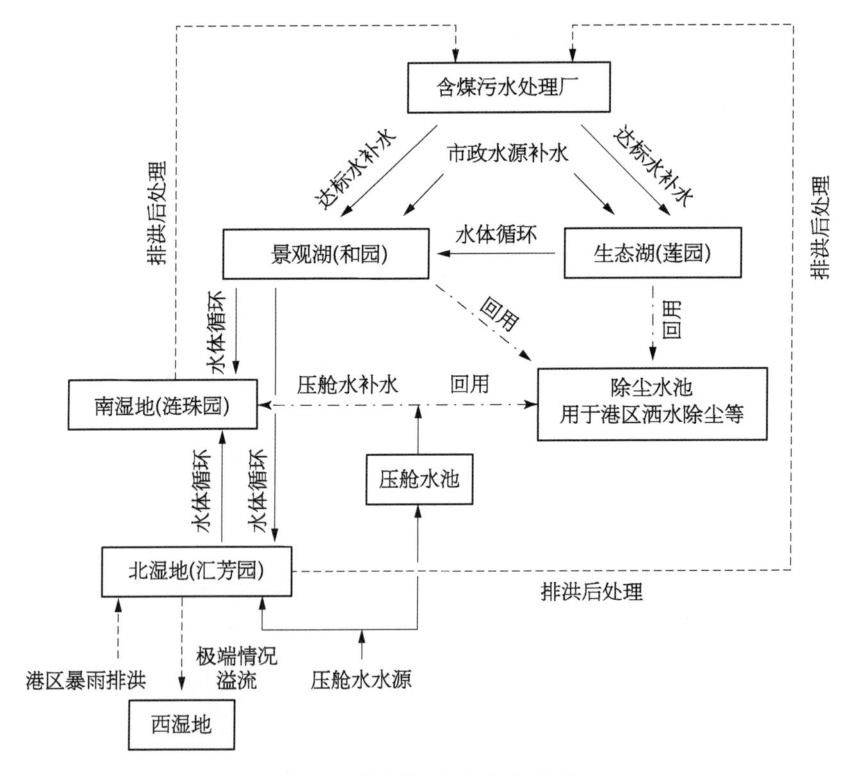

图 8-7　黄骅港生态水系循环路径

3) 生态循环水系统智能管控平台

应通过对港区给水及污水管网的专项设计，在每个产水点、用水点及输水点(包括除尘水池、污水处理站、压舱水池、提升泵站、给水管道、污水管道等)，配置电子计量设备、数据采集设备、远程监控设备、远程传输设备，构建港区水系统集控平台，港区所有给排水信息传输至该集控平台。同时，将多种水源与压舱水池、生态湖和湿地等水系相串联，利用水系统集控平台自动进行调配，全面打通各水体之间的节点，实现淡水压舱水、含煤污水及其达标水的有效收集、处理和利用，形成生态水系智能管控循环体系，实现了水资源的循环利用(图 8-8)。

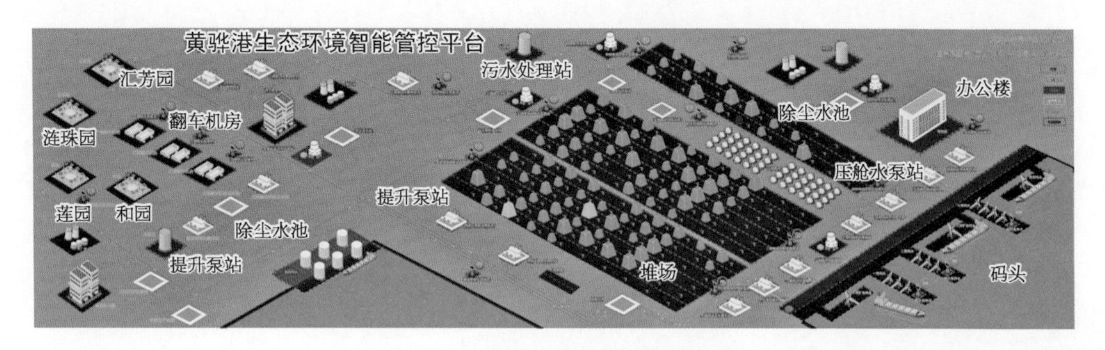

图 8-8　生态循环水系统智能管控平台

第 9 章

黄骅港煤炭港区粉尘控制实施案例

本书在分析国内外煤炭港区粉尘控制技术现状的基础上，针对煤炭港区粉尘来源及现有控制技术存在问题，依托多年煤炭码头的设计和实践经验，研究创新形成煤炭港区粉尘控制成套技术。本章结合黄骅港煤炭港区粉尘控制实施案例，分析该技术实施带来的较大经济及社会效益，并提炼总结该技术的主要创新点。

9.1 实施案例

9.1.1 港区概况

黄骅港煤炭港区位于河北省渤海新区黄骅港，建设及运营单位为国能集团黄骅港务有限责任公司。港区以煤炭装船为主、兼顾散杂货、油品等货种，吞吐量的98%以上是煤炭，设计煤炭装船能力1.78亿t。2018年，港区煤炭装船量首次突破2亿t大关(图9-1)。

图9-1 黄骅港煤炭港区

港区共有专业化煤炭生产泊位17个，分四期进行建设，堆场面积共计97.6公顷，储煤筒仓共计48个，最大煤炭堆存能力约460万t。具体建设内容如下：

(1) 一期工程建设4个泊位，堆场面积36公顷，设计吞吐量3 500万t，装卸系统设备配置为3台翻车机、14台移动单机、25条皮带机(约16.6 km)、16座转接机房。

(2) 二期工程建设4个泊位，堆场面积36公顷，设计吞吐量4 300万t，装卸系统设备配置为6台翻车机、14台移动单机、34条皮带机(约21 km)、18座转接机房。

(3) 三期工程建设4个泊位，采用筒仓存储，建设储煤筒仓24个，设计吞吐量5 000万t，装卸系统设备配置为2台翻车机、4台装船机、4台卸料小车、37条皮带机(约18.6 km)、19座转接机房。

(4) 四期工程建设5个泊位，采用筒仓+露天堆场存储，建设储煤筒仓24个，露天堆场面积18公顷，设计吞吐量5 000万t，装卸系统设备配置为2台翻车机、1台装船机、2台堆料机、4台取料机、4台卸料小车、21条皮带机(约11.5 km)、11座转接机房。

近些年来，黄骅港煤炭港区实施本技术，逐步对港区专业化煤炭泊位进行粉尘控制改造提升，采取了一系列针对专业化煤炭泊位的粉尘控制措施，最终实现煤炭装卸全流程粉尘控制。以煤炭卸车流程粉尘控制为例，如图9-2所示。

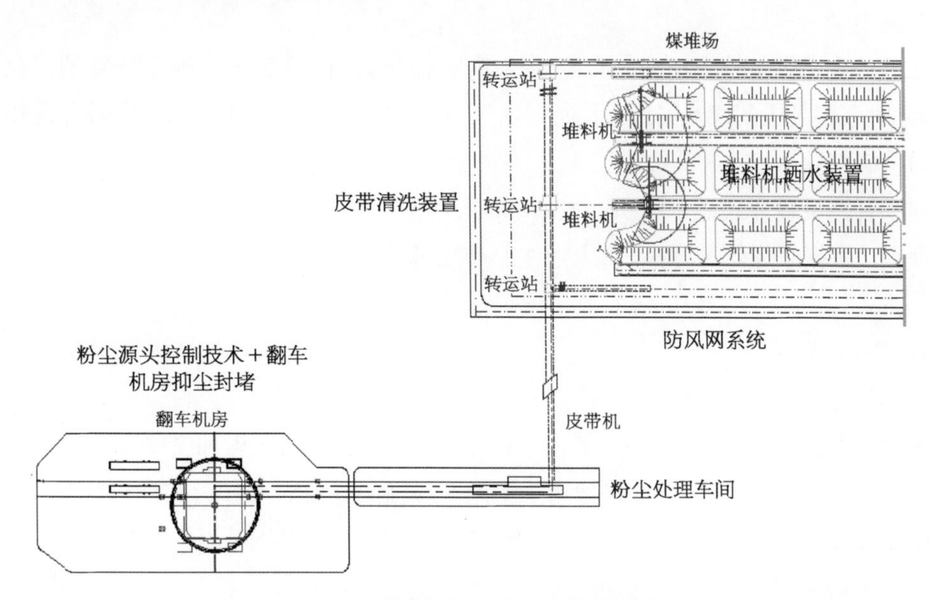

图9-2　煤炭卸车流程粉尘控制示意图

9.1.2　粉尘源头控制系统

自煤炭经翻车机卸车后开始加水，保持煤炭颗粒的表面含水率维持在一定水平，从源头上减少落料转运及堆存过程中的起尘量。

1）设置位置

加水点的设置满足如下要求：

（1）加水点应尽量靠近工艺流程前端，保证一次加水后降低全流程起尘量。

（2）应能够常年连续运行，加水管道及加水点煤炭冬季均不结冰。

（3）加水应足够均匀，使煤炭颗粒表面均匀覆盖水分，保证煤炭颗粒的表面含水率，避免出现加水不均匀，导致产生大量含煤污水，产生新的污染物，或在后续转运及堆存过程中造成煤炭板结，影响煤炭装卸。

根据煤炭港区工艺流程特点，将翻车机房底部振动给料机作为加水点，翻车机房底部冬季水不会结冰，多个振动给料机同时落料加水，能够更好地实现均匀加水。

2）设置方式

以双翻式翻车机为例，翻车机下面有5个漏斗，每个漏斗里面都安装有洒水管路及喷头。这种分散的布置形式可以更加有效地确保煤炭与水均匀混合。洒水装置通过在传送带上方振动给料机出口部分的内侧对煤炭进行洒水，使煤炭未落入传送带之前，在振动过程中就被洒水，可以充分保证煤炭与水均匀混合，同时可以减少煤炭落在传送带过程中所产生的扬尘量。

在每条支路供水管上均安装有电动控制阀、流量计，该控制阀与洒水装置的控制系统相连，针对不同品质的煤炭，控制系统可以调节控制阀打开不同的开度，从而实现喷头洒水量的精确控制。

洒水管路设置开式洒水喷头，喷头流量 0.5 m^3/h，间隔 0.15 m，喷头喷水方向与落料方向垂直。根据来煤煤种特点，洒水量按照卸煤量的 7‰进行控制。

3）设置原则

粉尘源头控制在实施过程中，重点遵循以下原则：

（1）针对不同港区不同货种，应采用不同的洒水量。本港区煤种主要有神优、神混、石炭、外购，经过反复试验，最终确定适用于本港区煤种的有效洒水量为卸煤量的 7‰。其他港区在应用本技术时，应进行充分试验，确定适合该港区煤种的特定洒水量。

（2）加水点的确定应满足前述设置位置的要求，避免加水后起不到应有效果，反而产生煤泥堆积等新的问题。

（3）喷头布置方向建议与落料方向垂直，使煤炭与水能够混合均匀且避免堵塞喷头，同时喷头应选用扇形喷嘴。

（4）粉尘源头控制系统实施之前应保证港区供水水量稳定充足。

9.1.3 大型煤炭筒仓群储存方式

黄骅港煤炭港区在三、四期工程建设过程中，改变传统的煤炭露天堆存方式，建设集高效与环保于一体的大型煤炭筒仓群。筒仓占地面积小、自动化程度高，在提高作业效率的同时减少劳动用工，其最大的优势在于可以有效减少煤炭转运期间的货损，避免在堆取料过程中或是大风情况下产生的扬尘，从根本上杜绝了煤炭堆场的粉尘污染。

三期及四期工程各设置 24 个筒仓，按照矩阵方式布置成 4 排 6 列，单仓容量 3 万 t，总容量 72 万 t，单个筒仓高度 43 m、直径 40 m。筒仓形式采用斗式给煤锥底筒仓，进仓工艺采用卸料小车单线卸料进仓，出仓工艺为仓底布置 2 排 3 列出料口、通过活化给料机进行混配煤作业。筒仓基础采用后注浆法钻孔灌注桩，根据变刚度调平设计思想，按照内强外弱的原则布桩；采用桩-墙基础方案，充分利用筒仓筒壁和仓底支承墙体等上部结构的巨大刚度，将上部荷载直接传递给桩基础，承台仅传递水平荷载并起连接作用。仓底结构采用双曲折线形锥壳与平板组合结构，仓底周边通过环梁简支于筒壁壁柱，与仓壁之间采用非整体连接，仓底中间平板用钢筋混凝土墙支承，锥斗底悬吊或用钢筋混凝土柱支承。仓壁结构采用延性好、抗震性能高、预应力钢筋少的部分预应力结构。仓顶结构采用自重轻、施工简便、满足防爆抗震要求的钢结构，沿仓顶布料设备移动方向设置钢桁架仓顶廊道，与仓顶钢结构环梁和支撑梁共同组成仓顶结构传力体系，并敷设镀锌压型钢板。筒仓内设计有安全监测系统，监控各筒仓料位、温度、可燃气体和卸料小车位置，保障筒仓的安全运行(图 9-3)。

图 9-3　黄骅港大型煤炭筒仓群

9.1.4　露天堆场粉尘控制

1) 防风抑尘网

一期堆场、二期堆场及四期露天堆场四周设置防风网，避免堆场粉尘外逸造成大气环境污染，总长度为 10 176 m。防风网采用钢人字架设计，底部设坎墙，上部设防风网网板，总高度为 23 m(图 9-4)。

图 9-4　黄骅港煤炭港区堆场防风网

2) 堆场喷枪洒水系统

堆场内的高压洒水除尘管网为喷枪洒水除尘专用的供水管网，环状布置，负责露天堆场区堆垛的洒水，水源由除尘泵房中的高压除尘泵组供给。沿轨道梁两侧埋地设置高压供水干管，沿线布置洒水喷枪站，对堆垛进行洒水抑尘作业。喷枪站由设于控制室的可编程序控制器(PLC)集中控制，成组轮流喷洒；每个喷枪站也可就地操作。喷枪采用电热带伴热，保证冬季正常使用(图 9－5)。

图 9－5 黄骅港煤炭港区堆场喷枪洒水

3) 堆料机悬臂洒水及供水栓自动上水

为解决堆场喷枪洒水覆盖范围不全、喷洒不均匀、堆存煤炭表面含水率不能保证的问题，在堆料机悬臂上安装喷雾洒水辅助系统，实现对煤垛表层的全覆盖和均匀洒水。该系统洒水范围精度高、补水均匀，冬季洒水后可使煤垛覆盖一层薄薄的冰层，有效解决了水分蒸发造成的起尘问题。

堆料机悬臂设置给水管道及洒水喷头，尾部采用拖挂形式配置水箱及加压泵，水箱总容积 60 m^3，水箱外部设置保温层，保证冬季正常储水(图 9－6)。

为保证冬季水箱正常加水，设置自动上水栓及电伴热保温装置。上水栓为水箱加水采用限位开关进行控制，实现水箱全年自动上水，保证悬臂洒水的高效运行。供水栓每条堆场设置 3 个，间隔大约 300 m。

4) 堆场道路硬化及机械化清扫

堆场作业区道路采用沥青路面，相比于联锁块路面，减少了路面积尘，降低了道路二次扬尘(图 9－7)。堆场防风网内两端非作业区面层也进行硬化，采用混凝土路面，减少堆场内非作业区域的积尘。

图9-6　堆料机配置水箱

图9-7　堆场作业区硬化路面

堆场作业区道路及非作业区面层进行硬化后，采用集洒水、清扫、粉尘收集于一体的清扫车进行机械化清扫，及时清除区域内的粉尘。

5）港区绿化

为解决堆场防风网以外的非作业区域积尘问题，港区对非作业区域空地进行充分绿化，避免非作业区裸露地面堆积扬尘。

黄骅港煤炭港区绿化率达到可绿化面积的100%，先后建设了总面积达110万 m^2 的环境绿化工程，实现对港区粉尘的有效吸附。同时，通过在防风网外侧建设绿化带，降低堆场的进场风速，并通过植被提升吸尘、降尘效果，减少了粉尘的产生和扩散(图 9-8)。

图 9-8　黄骅港绿化实景

9.1.5　装卸流程设备粉尘控制

在粉尘源头控制技术应用的基础上，进一步对港区装卸设备各环节的粉尘控制措施进行逐一优化，具体措施如下：

1) 翻车机房

(1) 对翻车机房出入口进行密封，仅保留火车出入口，防止煤尘逸散。

(2) 翻车机房内设置干雾抑尘,在卸车坑口四周都设置干雾喷头,翻车机作业时,开启干雾喷头进行抑尘,避免粉尘逸出。对传统喷头设置进行改进,实现了对卸车坑口全覆盖,并在可能向外扩散粉尘的通道处设置干雾抑尘,阻断粉尘向翻车机房外的扩散,提高粉尘控制效果(图 9－9)。

图 9－9　翻车机房干雾抑尘

2) 皮带机及转接机房

(1) 皮带机设置皮带机罩,用于阻止煤炭输送过程中粉尘外逸。皮带机下设置接料板,防止煤尘落到地面扬尘造成二次污染,通过接料板将皮带机及走道上的洒落料集中至地面上的回收点,将落料回收利用(图 9－10、图 9－11)。

(2) 为解决皮带机回程带料的问题,在皮带机卸料处回程皮带头部设置皮带自动清洗清扫装置,包括 4 道二级清扫器。第一级为在抛料滚筒处安装 2 道清扫器,对皮带机黏附物进行去除,去除物料进入下一级皮带。第二级为抛料滚筒后方加装一体化自动洗带装置,包括一排洒水喷头及第 3 道和第 4 道清扫器,主要作用为对皮带机进行清洗,然后对水、煤泥等剩余黏附物进行清扫,清扫物通过排污泵提升回到上部皮带,转接进入后续流程。第 4 道清扫器后设置热风机,对皮带机进行烘干。通过改进,回程带料起尘量可减少 96%以上。

一体化自动洗带装置内的 2 道清扫器,第 1 道清扫器为聚氨酯清扫器,第 2 道清扫器多采用合金清扫器。一体化自动洗带装置内喷头采用扇形喷嘴,间隔 40 cm,与皮带机成 60°～80°角(图 9－12)。

图 9-10　皮带机罩

图 9-11　皮带机接料板

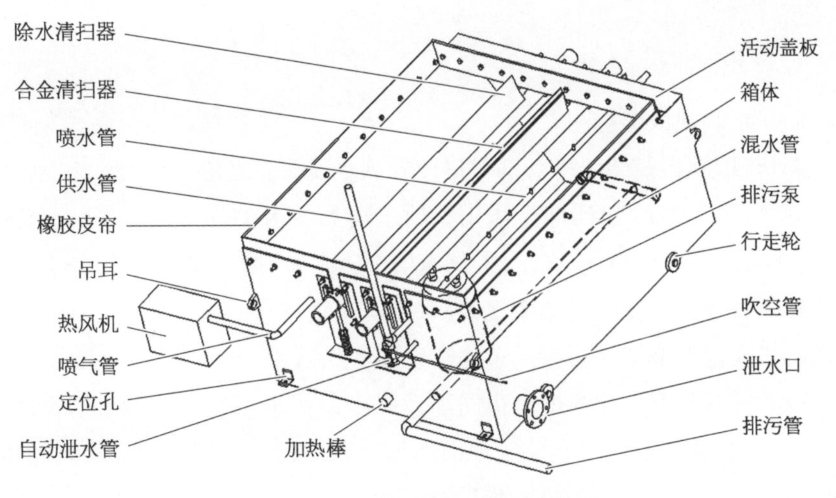

图 9-12　一体化自动洗带装置示意图

(3) 针对头部皮带没有下游转接点、无法实现自动清洗的问题，在皮带机回转处设置粉尘收集箱，配合清扫器使用，将清扫下的煤收集起来，集中处理，避免洒落地面引起扬尘污染。

(4) 转接机房设置挡尘帘、密闭罩、导料槽等密闭设施。为解决挡料胶皮与皮带表面缝隙造成的煤洒落与粉尘外逸，在导料槽两边间隙设置密封裙板(图 9-13)。

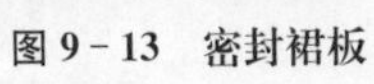

图 9-13　密封裙板

图 9-14　转接机房曲线溜槽

(5) 为减少物料对皮带的冲击进而减少扬尘，转接机房溜槽由直线溜槽改为曲线溜槽，可以降低物料的流动速度，最大限度地降低溜槽内的诱导风，以减少浮尘产生和减慢空气流动速度，同时配合落料点处的粉尘沉降处理设备来达到减少粉尘产生、粉尘外泄的目的(图 9-14)。

(6) 转接机房落料漏斗处设置弧形卸料弯槽装置，以减少料流对漏斗的冲击，从而降低粉尘的产生。

3）堆料机、取料机及装船机

（1）堆料机、取料机及装船机头部料口设置洒水喷头。在堆、取料及装船作业时，头部料口的洒水喷头同时启动，起到抑尘作用。洒水喷头供水由各单机自带的水箱及加压设备提供，水箱容积 5 m^3，水箱补水时直接从水槽中吸水，水槽不设保温，冬季泄空。

（2）堆料机设置尾车皮带自动清洗清扫装置，设置方式同前。

（3）取料机在落料漏斗导料槽两边间隙设置密封裙板，设置方式同前。

（4）装船机在落料漏斗导料槽两边间隙设置密封裙板，设置方式同前；在臂架悬臂皮带下加装接料板，防止煤灰洒落到码头地面而污染环境；悬臂皮带增加皮带自动清洗清扫装置，防止悬臂皮带起尘而污染环境，设置方式同前。

9.1.6 粉尘控制相关配套设施

1）港区粉尘回收处理设施

为实现粉尘从产生、收集至处理回用的闭环管理，港区建立了粉尘回收处理车间对各环节收集的粉尘进行处理回用。

粉尘处理车间主要由堆存池、清水池、搅拌机、渣浆泵、压滤机、皮带机组成。将港区机械化清扫、皮带机转接机房、头部皮带粉尘收集箱等收集的粉尘集中运送至粉尘堆存池，煤、水混合物料通过渣浆泵输送至压滤机多次压榨，保证压滤后的煤饼水分为 25%～30%；压制而成的煤饼通过皮带机输送至转运车辆进行回收利用，日产量约 50 t(图 9－15)。

图 9－15　粉尘处理车间

2) 港区水资源利用

对港区粉尘控制措施进行改进后，需保证除尘用水量。2018年港区日最大生产用水量14 738 m^3，年生产用水量355万 m^3；2019年港区日最大生产用水量19 437 m^3，年生产用水量404万 m^3。为节约用水，港区充分开发其他水源，增加港区的储水能力，实现水资源的循环利用。

(1) 港区水资源开发利用。

在原有市政自来水及污水处理场达标回用水水源基础上，新增淡水压舱水作为除尘水源。为实现压舱水的接收上岸，从船舶压舱水提升设施和码头及陆域接收设施两方面进行提升改进。

对携带淡水压舱水的到港船舶进行改造，新增压舱水提升泵组及配套管道，泵的扬程与码头接收设施相匹配。码头新增压舱水管道及接口，与船舶压舱水出水口实现对接；陆域设置提升泵房、压舱水蓄水池，通过回用水泵实现压舱水回用。

目前，黄骅港煤炭港区可接卸压舱水的泊位共6个，经过改造的船型主要为神华5系船舶、中海昌运船舶，改造后的船舶自带扬程30 m的压舱水提升泵，可实现压舱水提升上岸。2019年港区接收压舱水98万 m^3，2020年接收压舱水148.4万 m^3，2021年接收压舱水115万 m^3。

(2) 港区生态循环水系统。

为解决港区清洁、除尘过程中及强降雨等恶劣天气情况下所产生含煤污水的排放难题，并为港区道路降尘、洒水除尘等提供充足水源，以港区闲置场地资源为基础，建设了以“两湖”(生态湖和景观湖)、“三湿地”(南湿地、北湿地和西湿地)为主体、水域面积约63万 m^2、蓄水能力达125万 m^3 的生态水系，用于储存污水达标水、淡水压舱水及夏季雨水，实现水资源的循环利用，同时兼顾生态景观功能。

其中，“两湖”主要用来实现清洁雨水收集和压舱淡水回收，满足港区绿化和喷淋除尘需要。“三湿地”的作用主要有两个方面：一是用于港区防洪，对强降雨天气下经过含煤污水处理站初级沉淀后的过量含煤污水进行收集沉淀；二是用于水量调节，对淡水压舱水及污水处理站的过量含煤污水达标水进行收集储存。根据不同水体的功能定位，对各水体进行分类管控，实现不同水系之间的有效联通及生态循环，实现水资源的循环利用，同时提升水系的生态循环功能(图9-16～图9-18)。

(3) 港区用水统计数据。

实施本技术建设的港区生态循环水系统，将港区雨水、生产生活污水、码头压舱水等加以有效利用，增加了除尘用水来源，减少了从市政购买新鲜水的用水成本，保证了港区除尘设施的有效运转。以2019—2021年统计数据为例，全年用水总量(包括生活用水等)分别为632万 m^3、588万 m^3、539万 m^3；其中购进新鲜水分别为317万 m^3、199万 m^3、142万 m^3，占用水总量的50%、34%、26%；各类回用水源分别为315万 m^3、389万 m^3、

图 9 - 16　生态湖实景

图 9 - 17　景观湖实景

图 9-18　南湿地与北湿地实景

396 万 m^3，占用水总量的 50%、66%、74%。可以看出，新鲜水在用水总量中的占比逐年下降，而各类回用水源的占比逐年增加，并成为港区用水的主要来源(图 9-19)。

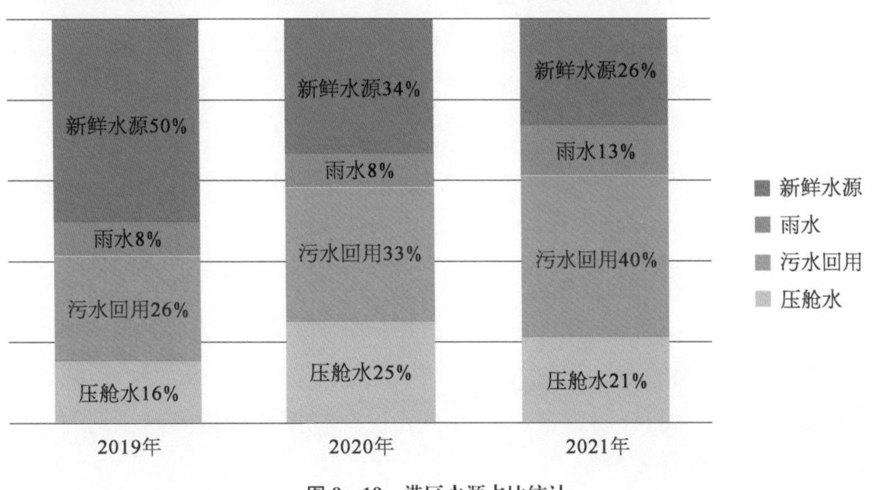

图 9-19　港区水源占比统计

9.1.7　港区智能一体化管控系统

为了实现对港区粉尘控制的智慧化管控，黄骅港煤炭港区设置了集在线粉尘监测系统、煤炭含水率监测系统、智能洒水系统、智能调水系统为一体的生态环境智能管控平台。其主要包括以下几部分。

1）在线粉尘监测系统

在进港大门、翻车机房区、堆场区、码头区等敏感区域设置在线粉尘监测设备，实时监测 TSP、环境温度、湿度、气压、风速、风向等数值，并将监测数据实时上传至洒水抑尘设备智能控制系统。监测设备采用激光在线式粉尘监测设备，具体数量及性能见表 9 - 1。

表 9 - 1　黄骅港煤炭港区在线粉尘监测设备一览表

安装地点	数量/套	功　能	备　注
进港大门	3	（1）实时监测大气 TSP 数值 （2）实时监测环境温度、湿度、气压、风速、风向数值 （3）粉尘浓度超标时可自动抓拍视频影像 （4）监测设备设置本地 LED 显示屏，可将监测数据实时显示 （5）可将监测数据和视频实时上传	大门 LED 显示屏数据对外发布，可与港外区域数值实时比较，增加了透明度，便于公众监督；有时港外数值会高于港内数值
翻车机房区	13	（1）实时监测大气 TSP 数值 （2）实时监测环境温度、湿度、气压、风速、风向数值 （3）可将监测数据实时上传	
堆场区	17		
码头区	13		

2）粉尘源头控制智能洒水系统

粉尘源头控制智能洒水系统共分为 4 个部分：洒水控制及数据采集系统、PLC 控制系统、网络传输系统、终端显示及存储系统。为了实现精确洒水，在翻车机底层出料口安装了煤炭含水率在线监测装置，实时监测洒水后的煤炭含水率，洒水系统根据监测结果对洒水量进行自动调节，既可避免过多洒水造成煤炭黏度过大影响生产，也可杜绝由于洒水量不足产生的扬尘污染问题。煤炭含水率在线监测装置采用微波式水分检测仪，具有非接触、稳定、精确的优势。

洒水系统与港区一体化智能管控系统相结合，通过管控系统可以实时查询每列车次的洒水情况及所卸垛位信息，方便港区整体粉尘控制。在终端控制电脑上建立人机交互界面，可以监控洒水系统的运行，包括洒水瞬时流量、累计流量、电动阀开度等参数，并可进行一定的远程操作。同时，通过含水率监测装置在管控系统内实现了对每列到港在卸车辆的煤炭含水率的实时监测。

3）堆场喷枪洒水智能控制系统

在原有喷枪洒水控制系统基础上进行智能化提升，提升后的喷枪洒水控制系统可实现如下功能：根据堆场的气象监测设备获取实时的风速、风向、空气湿度等气象资料；结合堆取料机、转接机房等装卸设备上设置的物料含水率监测设备采集含水率数据;分析判断喷枪是否需要喷洒,并计算合适的喷洒时间,实现智能化洒水除尘,提高系统效率(图9-20)。

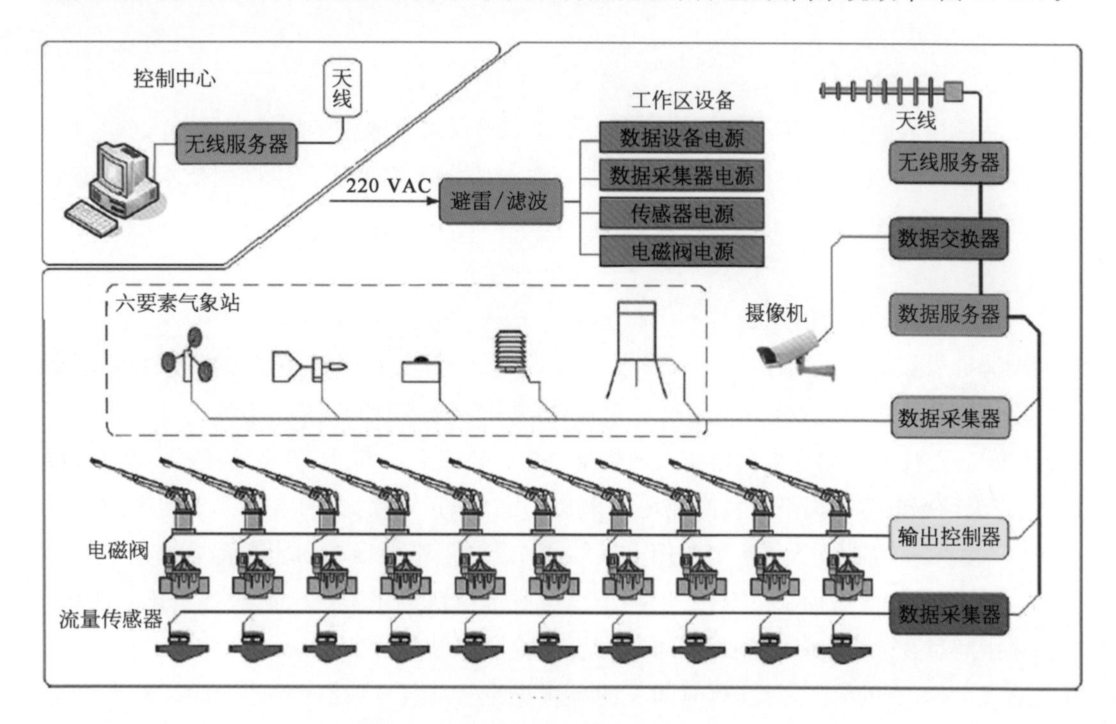

图9-20　堆场喷枪洒水智能控制系统示意图

4) 生态循环水系统智能管控平台

通过对港区给水及污水管网进行改造,在每个产水点、用水点及输水点(包括除尘水池、污水处理站、压舱水池、提升泵站、给水管道、污水管道等),配置电子计量设备、数据采集设备、远程监控设备、远程传输设备,构建港区水系统集控平台,并将所有给排水信息传输至该平台。同时,将多种水源与压舱水池、生态湖和湿地等水系串联,利用水系统集控平台自动进行调配,全面打通各水体之间的关节,实现淡水压舱水、含煤污水及其达标水的有效收集、处理和利用,形成生态水系智能管控循环体系,实现了水资源的循环利用(图9-21)。

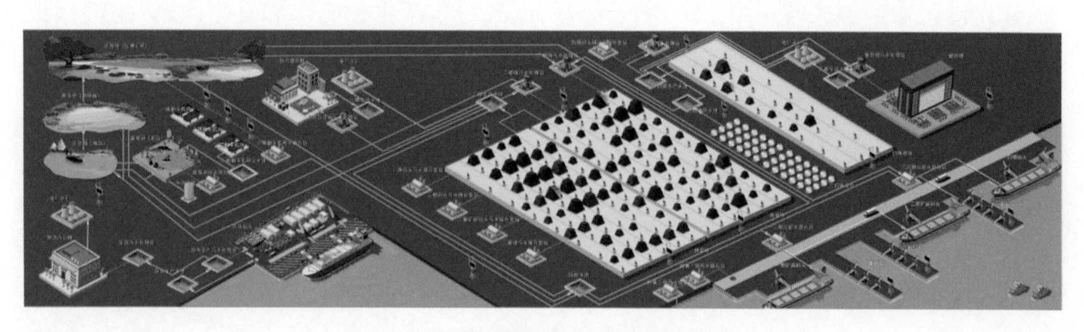

图9-21　生态循环水系统智能管控平台

9.2 经济、社会效益

9.2.1 经济效益

工程应用表明，应用本书阐述的粉尘控制技术不仅大大改善了煤炭港区的大气环境、水环境质量，还带来了极大的经济效益。以下以黄骅港煤炭港区粉尘控制技术应用前后统计数据为例阐述。

1）减少能耗，降低运营成本

黄骅港煤炭港区三期、四期工程采用大型煤炭筒仓群的封闭堆存方式，将煤炭封闭在一定空间内防止粉尘外逸，不用额外采用喷枪洒水等粉尘控制措施，且筒仓自动化程度高、效率高，总体来说筒仓堆存比露天堆场堆存单位能耗低。根据 2017 年 1—9 月用电量统计，露天堆场的含线损平均装卸吨耗为 1.155 度/t，同时期筒仓的含线损平均装卸吨耗为 1.110 度/t，筒仓比露天堆场节约用电量约 4%。对于露天堆场和装卸转运过程中的扬尘，通过采用粉尘源头控制技术，实现翻车机房底部一次洒水解决全流程煤炭扬尘问题，节约了中间过程除尘设备的能耗。通过堆场喷枪洒水智能控制系统，结合天气情况和堆垛实时含水率，有的放矢，对堆存时间长的煤炭进行智能补水，比固定频次的补水方式更减少能耗。

2）节约除尘用新鲜水源，降低用水成本

研究表明煤炭的表面含水率对煤炭扬尘有直接影响，当煤炭的表面含水率达到一定数值时能够抑制粉尘的产生。因此，为了控制大型煤炭港区的扬尘污染，必须保证足够的除尘用水量。粉尘控制设施改造前，2016 年黄骅港用水量为 230 万 t；随着生产、环保投入的增加，2017 年黄骅港用水量达到了 325 万 t，用水需求大大增加。而由于黄骅港港区地碱水咸，淡水资源匮乏，港口生产和生活用水全部依赖市政供水和周边电厂的海水淡化，使用水成本也大大提高。为了解决这个问题，该技术从两方面着手降低用水成本：一方面，建设港区水资源循环利用系统，用于储存含煤污水、淡水压舱水和夏季雨水，为港区道路降尘、洒水除尘等提供充足水源，减少从市政管网购进的新鲜水源，降低用水成本；另一方面，采用粉尘源头控制智能洒水系统、堆场喷枪洒水智能控制系统，实现精确洒水，节约用水量，降低用水成本。据统计，黄骅港 2021 年雨水回用 67 万 m^3、污水回用 214 万 m^3、压舱水回用 115 万 m^3，共节约生产用新鲜水源 396 万 m^3，节约用水成本近 2 000 万元。

3）减少人工作业，降低人力成本

通过各种粉尘控制技术及在线监测技术、管控技术的实施，可以节省在现场进行煤尘清理、粉尘浓度及煤堆含水率和温度测量的人工作业成本。如该技术在黄骅港煤炭港区应用后，现场煤尘明显减少，卸车线每条皮带机可减少1名清煤工，共13条翻车机线，每条翻车机线可减少3名清煤工，共计减少39名清煤工，每年节省成本约390万元。

4）防止二次扬尘并取得一定经济效益

港区机械化清扫、皮带机转接机房、头部皮带粉尘收集箱等会收集到大量煤尘，如果不妥善处理，极易造成扬尘二次污染。该技术通过建立粉尘处理车间，将各环节收集的粉尘进行处理，压制成煤饼外运销售。据统计，黄骅港煤炭港区粉尘处理车间每天可回收利用煤尘约50 t，每年新增销售额约55万元，新增利税约3.3万元。

此外，通过大型煤炭筒仓群、全流程装卸智能管控等技术的实施，大大提高了港口作业效率，增加了港口产能，创造了直接经济效益。黄骅港煤炭港区设计煤炭装船能力1.78亿t，2018年完成煤炭吞吐量2.03亿t，首次突破2亿t大关，实现利润20亿元。2021年，黄骅港完成煤炭吞吐量2.15亿t，创历史新高，连续3年煤炭吞吐量居全国港口首位，黄骅港全员劳动生产率、人均利润2项核心指标领跑全国主要港口。

9.2.2　社会效益

本书阐述的煤炭港口装卸全流程粉尘控制技术实现了精准抑尘，大大改善了港区空气环境质量。以黄骅港煤炭港区为例，在国内港口首次引进大型煤炭筒仓群的封闭堆存技术，与露天堆场相比减少了97%的粉尘排放。翻车机房通过采用干雾抑尘系统＋翻车机房底层智能洒水系统，使翻车机作业点粉尘浓度从改进前的10～20 mg/m^3，降至平均不到1 mg/m^3，远低于《港口煤炭粉尘浓度控制指标和测试方法》(JT/T 1376—2021)中所规定的翻车机作业点粉尘浓度限值(20 mg/m^3)，且从源头上抑制了煤尘的产生。后续流程结合堆料机悬臂洒水技术、堆场喷枪智能洒水技术、皮带机头部自动洗带技术等粉尘控制措施，使港区堆场作业现场及装卸流程产尘点的粉尘浓度降低98%以上，实现了煤粉尘的超低排放。据生态环境部环境工程评估中心和交通运输部天津水运工程科学研究院现场监测数据显示，黄骅港煤炭港区场界TSP、PM10、PM2.5平均浓度分别为0.207 mg/m^3、0.173 mg/m^3、0.135 mg/m^3，TSP浓度仅为《大气污染物综合排放标准》(GB 16297—1996)中所规定的场界浓度达标限值(1.0 mg/m^3)的21%，煤炭港口粉尘控制技术取得了良好的效果。

针对煤炭港口含煤污水处理能力不足和淡水用水需求大的问题，该技术创造性地提出，结合港区实际情况建立以生态保护和自给自足为目的的生态循环水系统，该系统应用后大大节约了用水资源，实现了含煤污水的“零排放”。一直以来，含煤污水问题都是煤炭港口难以解决的痼疾，由于传统污水处理池容量有限，暴雨天气产生的含煤污水会漫出排入大海而造成污染，而雨水排放不及时，又易造成堆场内涝而影响生产。近年来，随着国家环保政策和排放标准的提高，规定含煤污水禁止排海。另外，港区绿化、除尘需要大量水源，如果全部依赖市政供水和海水淡化水源，用水成本将相当高。为了解决这个问题，黄骅港煤炭港区建设了以“两湖”“三湿地”为主体的生态循环水系统，新增水域面积约63万m^2，对含煤污水、淡水压舱水及夏季雨水进行收集处理回用，大大节约了水资源，且含煤污水全部回用，实现“零排放”“零污染”。

此外，为解决堆场防风网以外的非作业区域积尘问题，该技术提出对非作业区域空地进行充分绿化，避免非作业区裸露地面堆积扬尘。基于此，黄骅港煤炭港区采用更换种植土、抬高地面、选择抗碱植物等方式，建成了总面积约110万m^2的临海绿色景观带，港区绿化覆盖率达32.2%，有效降低了堆场进场风速，减少了粉尘的产生和扩散。绿化和生态水系将煤炭工业港变成了美丽的大花园。2020年1月17日，沧州市发布公告，经过初评、推荐、现场检查评定及社会公示等环节，黄骅港煤炭港区被正式确定为国家3A(AAA)级旅游景区。至此，黄骅港煤炭港区成为我国首个3A级工业景区的煤炭港口，将在不影响生产的前提下适当对外开放发展工业旅游，让更多群众感受现代煤炭港口的风采，领略大工业的魅力。

本书介绍的煤炭港口粉尘控制成套技术为交通运输行业提供了一套经济、适用、绿色、智慧的煤炭粉尘控制解决方案，工程应用表明该成套技术可以有效治理煤炭港口粉尘污染问题，对地区的环境改善起到了积极作用。该技术成果经中国水运建设行业协会组织的科技成果评价，认定为达到国际领先水平。依托该成套技术的研究成果及工程实践，形成《京津冀煤炭矿石码头粉尘控制设计指南》，主要内容纳入行业标准《煤炭矿石码头粉尘控制设计规范》(JTS 156—2015)、《水运工程环境保护设计规范》(JTS 149—2018)、《港口工程清洁生产设计指南》(JTS/T 178—2020)、《港口干散货封闭式料仓工艺设计规范》(JTS/T 186—2022)等规范标准，推动了行业科技进步。研究成果已推广应用于天津港、唐山港、秦皇岛港等煤炭港口码头粉尘治理中，推广应用前景广阔。该成套技术符合绿色生态的发展理念，对推动煤炭港口转型升级、增强港口核心竞争力、促进行业可持续及高质量发展具有重要意义，具有广泛的社会效益。

9.3 主要创新点

一航院联合国能黄骅港务有限责任公司等单位，自2008年开始针对煤炭港口粉尘控制问题开展系列深入研究。通过大量现场实测、理论分析、数值模拟及物理模型试验等方法，经十多年不断研究及实践，研发出经济、高效的煤炭港口粉尘控制成套技术，取得显著的经济及社会效益。主要创新点如下：

(1) 研究了煤炭起尘机理，提出了煤炭港口粉尘源头控制理念，确定了煤炭合理的含水率及洒水量控制值，研发了翻车机底部洒水装置，从源头有效控制了港区煤炭扬尘，节约了水资源，降低了粉尘控制成本。

① 通过煤炭起尘机理研究，提出了粉尘源头控制理念，在翻车机翻车环节及卸车后煤炭进入港区皮带机环节进行粉尘控制，有效降低了港区全流程粉尘控制难度，节约了成本，解决了北方地区低温无法洒水抑尘的难题，抑尘效果显著。

② 通过现场实测、数值模拟及物模试验，提出了煤炭合理的含水率及洒水量控制值，为煤炭粉尘控制提供了科学依据。

③ 研发了翻车机底部分层洒水装置。洒水装置安装在振动给料机出口部分内侧，在振动给料过程中使水与煤炭均匀混合，使煤炭表面达到最佳含水率，为港区粉尘控制提供了基础条件。

(2) 创新提出了煤炭港区输送工艺系统全流程粉尘控制提升技术。研发了转接点料流柔性约束、回程皮带清洗清扫、移动式粉尘收集箱等装置，提出了堆料机悬臂洒水与堆场喷枪洒水联合抑尘系统，有效控制了工艺各环节粉尘污染。创新提出了粉尘收集、加工、回垛工艺系统，避免了收集粉尘二次污染及物料损失。

① 针对工艺系统转接点粉尘外逸，通过数值模拟、现场试验，揭示了料流运行合理路径轨迹，研发了精细弧形导料弯槽，实现了对料流的柔性约束，降低了物料对设备的冲击，保证了落料点与受料皮带对正衔接，控制了粉尘产生及物料洒落。结合设置导料槽密封裙板、防尘帘及除尘系统，有效控制了物料转接环节的粉尘污染。

② 针对皮带机头部粉尘，研发了移动式粉尘收集箱及回程皮带清洗清扫装置。在粉尘收集箱与皮带机头部漏斗之间设置可伸缩密封装置，避免了粉尘外逸。通过试验研究，对回程皮带设置四道清扫器及一道清洗器，解决了粉尘及物料洒落问题。

③ 研发了堆料机悬臂洒水系统，与堆场喷枪洒水联合抑尘，有效覆盖了堆场料垛，提高了除尘水的有效利用率，降低了煤炭堆场扬尘。

④ 研发了装船机悬臂皮带接料板及臂架落煤自动回收装置，避免了装船机作业过程中的物料洒落。

⑤ 创新提出了粉尘收集、加工、回垛工艺系统，在煤炭港区首次建设了粉尘加工处理车间，将清扫车、粉尘收集箱、各类除尘器收集的粉尘集中加工处理，制成煤饼，再回归到料场，既避免了粉尘二次污染，又避免了物料损失。

(3) 首次在煤炭港区应用大型筒仓群系统，有效控制了煤炭堆存、取料环节的粉尘污染。提出了筒仓规模确定方法及适合港口多煤种的筒仓输运工艺系统。建立了筒仓粉尘、温度、防爆防燃监测系统，保障了筒仓安全运行。针对港区深厚软土地基及大直径储煤筒仓不均匀荷载，创新提出了基于变刚度调平的筒仓基础设计技术，解决了不均匀沉降问题，大大节约了工程投资。

① 在煤炭港口采用大型筒仓群方式存储煤炭，实现了精准配煤，有效控制了粉尘污染，其建设规模位居世界前列。

② 提出了基于港口通过能力和煤种的煤炭筒仓总容量和单仓容量的计算方法。确定了与储煤筒仓相适应的煤炭进仓、出仓、倒仓及配煤工艺系统。

③ 配置了完善的筒仓安全监测系统，建立了筒仓粉尘、温度、防爆防燃监测系统，保障了筒仓安全运行。

④ 针对港区深厚软土地基、大直径筒仓储煤导致的不均匀荷载，创新提出了变刚度调平基础设计技术，有效解决了不均匀沉降问题，大幅度降低了投资，为沿海港口软土地区建造大容量筒仓提供了解决方案。

(4) 建立了煤炭港区智能洒水抑尘控制系统。根据构建的全流程煤炭及粉尘监测网提供的实时监测数据，结合天气状况，实现了港区各流程洒水抑尘的精细化、智能化，提高了抑尘效率，有效利用了水资源。

① 在翻车机底层洒水抑尘系统中，通过自动监测，可实时采集来煤含水率、洒水流量、洒水后煤炭含水率等数据，通过控制系统数据库自动对比、自动反馈调整，实现了对洒水量的智能控制。

② 在堆场洒水抑尘系统中，通过构建的堆场粉尘监测网，可实时监测粉尘浓度。控制系统根据监测数据及天气状况，自动控制堆场洒水设备开启及洒水时间，实现了堆场洒水的智能化控制。

③ 在堆取料及装船作业洒水抑尘系统中，控制系统根据作业点粉尘监测数据及作业状况，自动控制头部洒水设备开启及洒水时间，实现了作业点洒水的智能控制。

(5) 充分收集利用港区雨水、船舶压舱水、处理后的生产生活污水，首次在港区设置人工湖与湿地水系统，将港区储蓄水、净化水功能与生态景观相结合，节约了水资源，实现了污水零排放和循环利用，改善了生态环境，并开创了我国工业港与旅游景区相融合的先河。

① 针对我国北方水资源短缺问题，充分挖掘利用水资源。在港区首次应用“海绵城市”理念，充分收集雨水。同时，通过压舱水上岸设施建设，实现了压舱水回收利用，节约了水资源。

② 在港区建设人工湖与湿地水系统，储存港区雨水、压舱水及处理后的生产生活污水，既解决了水体存储问题，又解决了传统港区强降雨天气含煤污水外溢排放问题，实现了水资源充分利用，港区污水零排放。

③ 构建了水循环系统集中管控平台，对各种水体分类管控，使不同水体之间有效联通及生态循环，实现了水量自动调节、水资源循环利用。

④ 将港区储蓄水功能与生态景观相结合，极大改善了煤炭港口环境。成果应用工程黄骅港煤炭港区被评为国家 3A(AAA)级旅游景区，使工业港与旅游景区相融合，为人民近距离感受、了解港口创造了条件，促进了生态文明建设。

第10章

展　望

我国经过改革开放40多年的发展建设，已经建成了一批具有国际影响力的大型港口，尤其在北煤南运的发展格局下，更是在环渤海区域建成了世界最大的煤炭外运港口集群。但是，煤炭港口的快速发展也带来尘源扩散、粉尘污染等系列环境问题。我国最初建设煤炭港口时使用的除尘、抑尘技术和设备，限于当时理念、标准及技术条件，许多方面已不能满足当前环境要求，从而在一定程度上制约了港口的发展和运营。按照国家建设世界一流港口的战略要求，改善、提升港口生态环境，全面推进港口的高质量发展成为新时代水运行业面临的重要任务。以可持续发展为目标，近年来港口的科研、设计、运营等科技工作者不断进行研究和探索，结合港口自身实际，秉承新理念、研发新技术、采用新工艺、研制新装置，积累了大量实践经验和丰富的研究成果，致力于建设碧水蓝天的绿色生态型港口。本书结合工程实践，在进行粉尘控制理论研究的同时，依据大量现场资料，在煤炭港口粉尘控制成套技术方面进行了系统研究并做出全面总结和阐述，主要包括粉尘源头控制、大型筒仓群储存、工艺系统各环节粉尘控制、粉尘回收利用、粉尘控制监测智能化、水资源循环利用等内容。结合这些技术，已建成的港口和码头可结合自身条件，通过改造不断提升环保设施的效能，而新建港口和码头在建设之初即应重视各环节的设计，积极采用新技术，提高建设品质。纵观当今科技发展趋势以及我国高质量发展目标，煤炭港口粉尘控制技术还有进一步研究和发展的空间。

(1) 港口粉尘源头控制理念将贯穿于港口选址、设计建设和运营。在煤炭港口选址和建设规模确定过程中需充分论证其对现有生态环境的影响，设计中需贯彻保护自然环境、节约自然资源的理念。拟建煤炭港口与当地环境本底值、环境承受裕量的关系将成为重要关注点，避免不可逆的环境影响，真正从源头减排控制，实现港口的可持续发展。

(2) 我国改革开放以来经济建设发展速度举世瞩目，但环境污染问题也随之产生，其原因是多方面的，其中就与发展初期工程建设领域在生态环保方面的法规、标准规范不完善有关。随着社会经济发展，国家对环境问题高度重视，加强了相关立法工作，近年已陆续修订或新颁布了环境保护法、水资源保护法、海洋环境保护法、大气污染防治法等，从国家法律层面对工程建设的环境保护做出了约束，同时行业相关设计标准也陆续出台。目前涉及煤炭港口环境保护设计的行业主要规范有《水运工程环境保护设计规范》(JTS 149—2018)及《煤炭矿石码头粉尘控制设计规范》(JTS 156—2015)，两部规范对煤炭港口相关环保设计均做出了系统的要求和规定，为煤炭港口的粉尘控制设计提供了依据，提高了煤炭港口的粉尘控制水平。随着国家和地方对于大气污染防治工作的持续推进，以及新技术、新设备的不断涌现，已有标准的内容将注重更新，对标环境质量新要求，积极采纳高效可行的粉尘治理新技术和新措施，及时修订相关内容，不断提高煤炭港口环境质量水平。

(3) 世界科技正走向智能化、数字化时代，煤炭港口的装卸工艺也朝着全面自动化、智能化方向发展。目前，堆场堆取料机已实现单机无人自动化操控，远程操控装船技术也于2019年在黄骅港煤炭港区实现了突破，并成为我国首个实现全流程自动化作业的煤炭港区。粉尘控制系统也将向自动化、智能化方向发展，并与自动化、智能化的装卸系统和粉尘监测系统紧密衔接，使粉尘控制做到科学精准，提高除尘效率，降低能源和资源消耗。

(4) 封闭堆存是解决煤炭堆存过程扬尘问题的有效方式，筒仓、穹顶圆形料仓、条形仓等均是在港口工程中已实践应用的封闭堆存形式，但这些建构筑物建设成本较高，且一定程度存在物料自燃、发生火灾等隐患，单体建筑面积受到限制。应进一步深入开展粉尘爆炸、物料自燃的机理研究，研究封闭堆存空间的安全监测、防尘防爆、防自燃、灭火救援等新技术，合理确定封闭空间面积上限值，提高封闭空间利用率。同时针对港口软弱地基、强风荷载条件下的煤炭堆存封闭建筑物的结构和基础进行研究，在保证结构安全前提下，降低建设成本。

(5) 在露天堆垛喷洒抑尘剂，使堆垛表面结壳从而防止起尘的方式已在实际工程中应用，但目前存在抑尘剂成本高、喷洒药液不均匀、喷洒效率低、大风速情况抑尘效果差等问题。作为一种较为便捷的抑尘手段，需进一步开展环保型抑尘剂研究，降低抑尘剂成本，提高抑尘剂抗风性能和抑尘效果，并研究优化抑尘剂喷洒工艺和设备，使喷洒抑尘剂抑尘成为露天堆场便捷有效的抑尘方式。

(6) 北方港口水资源匮乏且用水成本较高，造成许多除尘抑尘设备效能达不到预期效果。因此，开展非常规水资源循环利用以及相关基础设施设计研究，实现水资源利用最大化、降低缺水地区水的使用成本是北方煤炭港口研究的重点。本书介绍了黄骅港煤炭港区收集使用压舱水的案例，但调查中发现，普通散货船压舱水的排放设备并未考虑其上岸需求，故与岸上接收设施并不匹配。因此，有必要研究如何快速、低成本改造船舶压舱水排放管路及配套设备，使其可适用于压舱水上岸工艺。这种改造技术还应将压舱水上岸所需时间作为考虑因素，不应或过多延长煤炭装船时长及船舶总靠泊时间。此项研究将可推动煤炭装船码头压舱水作为除尘水源的大量使用，从而在一定程度上缓解除尘水源不足问题。另外，还应进一步研究港区雨水的回收及快速处理技术。由于煤炭港口雨水含有大量煤尘，必须经过处理才能回用，根据现行环保要求及煤炭港口运行实际情况，现行水运工程环境保护设计规范中确定雨水储存设施规模的降雨量参数取值标准偏低，使得雨水储存设施设计容量偏小，致使港区经常发生因没有足够的雨水储存场地，过量雨水只能溢流到堆场的现象。此外，传统处理技术需要的处理时间较长，也制约了雨水的回用量。因此，有必要通过典型港口地区多年降雨量资料的统计分析，研究提高降雨量参数取值标准，适当加大雨水储存设施设计规模，并结合港区总体布置、景观设计开展港区海绵体(如小型湿地、景观绿地等)应用于雨水储存的研究工作，且着重于这些海绵体对含煤雨水自然净化效果的理论研究及海绵体的维护技术研究。同时，开展快速、低成本含煤污水处理技术研发，使港区雨水实现最大程度的回收利用。

(7) 港区环保用水、污水回收、用水分配等水资源管理将向科学化、精细化、智能化方向发展。基于粉尘、煤炭含水率、气象等监测设备组成的智能化监测系统，构建全流程智能洒水抑尘决策控制平台，并与之结合建立包括雨/污水收集、雨/污水处理、清水储存、用水分配、水量平衡、用水量分析、系统预警等方面的智慧化管控水系统，实现用水精细化、智慧化。

(8) 由于我国钢铁产业发展的需要，目前，国内也建设了大量的矿石进口码头，矿粉同样会对大气产生污染。鉴于矿石品种多、特性差异大、粒径范围广，且矿粉较煤尘更具黏性，极易附着于设备、建构筑物、道路等表面不易去除，因此，应进一步开展矿石粉尘起尘机理和规律的研究，在借鉴煤炭除尘抑尘技术的基础上有针对性地对矿石装卸各流程粉尘控制技术进行相关研究，提升矿石码头粉尘控制技术水平。

(9) 在我国北方建设的专业化煤炭码头大部分为煤炭下水(装船)码头，进港煤炭多采用火车进场并通过翻车机卸料进入堆场或码头。而在南方地区或北方一些小规模码头还存在煤炭上水(卸船)码头，其通常通过门机或卸船机将煤炭卸至码头陆域，再经堆场转运出港。针对此类煤炭码头，需对门机或卸船机卸料过程中的除尘抑尘技术进行深入研究，结合卸船码头工艺特点，针对码头煤炭输运重点环节的粉尘控制技术进行研究。

煤炭等干散货港区粉尘控制技术是绿色港口建设的重要组成部分。展望未来，通过持续开展相关理论研究、技术研发、工程实践，干散货港区的粉尘控制技术将不断完善，港口环境会得到极大提升，必将助力我国港口高质量发展。

参考文献

[1] 凌文,曾宜,邢军,等.黄骅港煤炭封闭筒仓成套技术研究报告[R].北京：中国神华能源股份有限公司,神华黄骅港务有限责任公司,中交第一航务工程勘察设计院有限公司,2009.

[2] 季则舟,汪悦平,马瑞,等.大型煤炭港区粉尘控制成套技术研究与应用总报告[R].天津：中交第一航务工程勘察设计院有限公司,2020.

[3] 李绍武,雷鹏,李文善.气象条件对煤炭、矿石堆场起尘影响专题研究报告[R].天津：天津大学建筑工程学院,2014.

[4] 刘殊,周斌,白景峰,等.黄骅港煤炭港区粉尘排放总量测算模型构建研究总报告[R].北京：生态环境部环境工程评估中心,交通运输部天津水运工程科学研究院,2020.

[5] 李金华,李文颖.煤炭储存结构和环境保护[M].南京：河海大学出版社,2014.

[6] 煤炭矿石码头粉尘控制设计规范：JTS 156—2015[S].北京：人民交通出版社,2016.

[7] 水运工程环境保护设计规范：JTS 149—2018[S].北京：人民交通出版社,2017.

[8] 港口工程清洁生产设计指南：JTS/T 178—2020[S].北京：人民交通出版社,2020.

[9] 港口干散货封闭式料仓工艺设计规范：JTS/T 186—2022[S].北京：人民交通出版社,2022.

[10] 港口建设项目环境影响评价规范：JTS 105—1—2011[S].北京：人民交通出版社,2011.

[11] 海港总体设计规范：JTS 165—2013[S].北京：人民交通出版社,2014.

[12] Shen J, Feng X, Zhuang K, et al. Vertical distribution of particulates within the near-surface layer of dry bulk port and influence mechanism: a case study in China [J]. Sustainability, 2019, 11(24): 7135.

[13] Hong N, Peng S, Ye Y, et al. Monitoring of the Effects of Dry and Wet Dust Removal Equipment at a Coal Port Transfer Station[C]//IOP Conference Series: Earth and Environmental Science. IOP Publishing, 2021, 621(1): 012164.

[14] Cong X C, Cao S Q, Chen Z L, et al. Impact of the installation scenario of porous fences on wind-blown particle emission in open coal yards[J]. Atmospheric Environment, 2011, 45(30): 5247 - 5253.

[15] Cong X C, Du H B, Peng S T, et al. Field measurements of shelter efficacy for

installed wind fences in the open coal yard[J]. Journal of Wind Engineering and Industrial Aerodynamics, 2013, 117: 18 - 24.

[16] Moskovaya I V, Olishevskiy A T, Lazareva L P. Assessment of efficiency of windbreak and dust suppression walls for coal terminals[C]//IOP Conference Series: Earth and Environmental Science. IOP Publishing, 2017, 87(4): 042010.

[17] 王建峰,马兰,詹水芬,等.水分对港口煤炭粉尘起动风速的影响研究[J].水道港口,2009,30(3): 209 - 212.

[18] 韩桂波,詹水芬,张晓春,等.煤炭粉尘颗粒起动风速影响因素及数学模型[J].煤炭学报,2009,34(10): 1359 - 1363.

[19] 汪大春.黄骅港粉尘治理技术研究[J].神华科技,2017,15(5): 89 - 92.

[20] 张晋恺.港口散货堆场起尘规律研究[D].天津: 天津大学,2012.

[21] 雷鹏.港口散货堆场铁矿石和煤起尘规律研究[D].天津: 天津大学,2014.

[22] 丛晓春,陈志龙,詹水芬.露天煤场静态起尘量的实验研究[J].中国矿业大学学报,2010,39(6): 849 - 853.

[23] 王宝章,齐鸣,徐铀,等.煤炭装卸、堆放起尘规律及煤尘扩散规律的研究[J].交通环保,1986(Z1): 1 - 10.

[24] 刘琴,郭如珍,吴学文,等.露天煤矿煤堆和矸石堆的起尘规律的研究[J].交通环保,1986(Z1): 88 - 96.

[25] 王献孚,刘琴,汤忠谷,等.粉尘污染的风洞试验研究[J].环境科学,1987(6): 21 - 25.

[26] 王丹,张亚敏,王传瑜,等.煤炭堆场防风抑尘集成技术的应用[J].环境科学与技术,2010,33(S1): 84 - 85,134.

[27] 王丹,王传瑜,李宗良,等.煤炭堆场起尘影响因素研究[J].煤,2010,19(11): 1 - 2,31.

[28] 辛庚华.露天堆场起尘与防风网遮蔽效果机理研究及现场实测分析[D].大连: 大连理工大学,2010.

[29] 马君.煤炭码头新型洒水抑尘系统[J].港口科技,2017(9): 9 - 14.

[30] 李艳明.黄骅港生态港口建设思考与实践[J].港口科技,2019(10): 9 - 12,48.

[31] 郭平喜.黄骅港煤炭堆场清洁生产的改进措施[J].港口科技,2017(11): 32 - 34,43.

[32] 汪大春.北方煤港装卸设备清洁生产技术与应用[J].水运工程,2017(5): 78 - 82.

[33] Faschingleitner J, Höflinger W. Evaluation of primary and secondary fugitive dust suppression methods using enclosed water spraying systems at bulk solids handling[J]. Advanced Powder Technology, 2011, 22(2): 236 - 244.

[34] 马君.煤炭港口煤粉尘控制技术[J].水运工程,2019(4): 56 - 60,66.

[35] Charinpanitkul T, Tanthapanichakoon W. Deterministic model of open-space dust removal system using water spray nozzle: Effects of polydispersity of water droplet and dust particle[J]. Separation and Purification Technology, 2011, 77(3): 382 - 388.
[36] Wang P, Tan X, Zhang L, et al. Influence of particle diameter on the wettability of coal dust and the dust suppression efficiency via spraying[J]. Process Safety and Environmental Protection, 2019, 132: 189 - 199.
[37] Yen P H, Chen W H, Yuan C S, et al. Exploratory investigation on the suppression efficiency of fugitive dust emitted from coal stockpile: Comparison of innovative atomizing and traditional spraying technologies[J]. Process Safety and Environmental Protection, 2021, 154: 348 - 359.
[38] Li S, Zhao B, Lin H, et al. Review and prospects of surfactant-enhanced spray dust suppression: mechanisms and effectiveness[J]. Process Safety and Environmental Protection, 2021, 154: 410 - 424.
[39] 邹亚军,黄金华.钢筋混凝土圆筒煤仓双曲线型卸料漏斗设计分析[J].特种结构,2003(2): 22 - 26.
[40] 周庆博.黄骅港煤炭港区在线粉尘监测系统设计[J].起重运输机械,2019(15): 105 - 109.
[41] Zhao D, Wang T, Han H. Approach towards sustainable and smart coal port development: the case of Huanghua Port in China[J]. Sustainability, 2020, 12(9): 3924.

附　京津冀煤炭矿石码头粉尘控制设计指南

制 订 说 明

本指南是根据交通运输部水运局要求，为指导和规范京津冀地区煤炭、矿石码头的粉尘控制设计，提升本地区煤炭、矿石码头的粉尘治理水平，按照国家大气环境治理的相关政策，在总结本地区煤炭、矿石码头粉尘控制设计、运营先进经验的基础上，通过深入调查研究，广泛征求意见编制而成。

本指南的主编单位为中交第一航务工程勘察设计院有限公司，参编单位为国能黄骅港务有限责任公司、秦皇岛港股份有限公司。

1 总 则

1.0.1 为规范和指导京津冀地区煤炭、矿石码头粉尘控制设计，有效控制粉尘排放，减少污染，改善和保护环境，保障作业人员的职业卫生安全，制定本指南。

1.0.2 本指南适用于京津冀地区新建、改建和扩建的专业化煤炭、矿石码头工程的粉尘控制设计，其他地区的煤炭、矿石码头粉尘控制设计可参照执行。

【条文说明】专业化煤炭、矿石码头的货物通过能力、堆存量较大，在装卸、输运、堆存时易产生大量粉尘，是水运工程粉尘控制的重点。本指南针对京津冀地区专业化煤炭装船港、矿石接卸港的粉尘控制设计进行了规定。

1.0.3 煤炭、矿石码头粉尘控制设计除应符合本指南的规定外，尚应符合国家现行有关标准的规定。

2 术　语

2.0.1　粉尘　Dust

由自然力或机械力产生并能够悬浮于空气中的固态微小颗粒。

2.0.2　除尘　Dust Separation

捕集、分离含尘气体中粉尘粒子的技术。

2.0.3　抑尘　Dust Inhibition

促进粉尘凝聚、沉降，减少扬尘量的技术。

2.0.4　除尘器　Dust Separator

用于捕集、分离悬浮于气体中粉尘粒子的设备。

2.0.5　袋式除尘器　Bag-type Dust Separator

用纤维性滤袋捕集粉尘的除尘器。

2.0.6　微动力除尘器　Small-fan-power Dust Collector

微动力除尘装置中为消除密闭空间正压、增强除尘效果而设置的除尘器，多采用不带储灰斗的袋式除尘器。

2.0.7　静电除尘器　Electrostatic Precipitator

由电晕极和集尘极及其他构件组成，在高压电场作用下，使含尘气流中的粒子荷电并被吸引、捕集到集尘极上的除尘器。

2.0.8　无组织排放　Unorganized Emission

大气污染物不经过排气筒的无规则排放。

2.0.9　防护距离　Buffer Zone

粉尘无组织排放源至环境敏感区边界的最小距离。

2.0.10　港口生态空间　Ecological Space at Port

指港口陆域范围内的人工或自然的湿地、水系、绿地、池塘等构成的生态型空间。

3 基本规定

3.0.1　码头粉尘控制设计应满足国家有关粉尘排放控制的要求，码头粉尘控制设施必须与主体工程同时设计、同时施工、同时投产。

3.0.2　煤炭、矿石码头粉尘控制设计应遵循技术可靠、经济合理、节能高效的原则，积极采用先进成熟的新技术、新工艺、新材料和新设备，且不应影响煤炭、矿石在储存期的品质。

3.0.3　煤炭、矿石码头应从作业源头控制和消减污染，采用低污染或无污染的工艺流程和设备。

3.0.4　煤炭、矿石在装卸、输送和堆存作业时产生的粉尘，应根据粉尘性质及作业条件采用洒水抑尘、水雾抑尘、干雾抑尘、微动力除尘、布袋除尘、静电除尘、覆盖压实、喷洒抑尘剂、屏障防尘、封闭防尘等方式进行抑尘和除尘，粉尘控制方式的选择应通过技术经济分析比较确定。

【条文说明】本指南中的水雾抑尘是指利用喷射 10 μm 以上的水雾加湿物料，减少扬尘量并促进粉尘凝聚、沉降的抑尘方式，包括使用中压微雾、高压微雾、雾炮、高杆喷雾等设备进行抑尘的形式；而干雾抑尘是指由压缩空气驱动，将水在喷嘴内通过高频声波雾化为 10 μm 以下的水雾颗粒，通过喷射水雾来吸附粉尘，形成粉尘和水雾的团聚物并凝聚、沉降的抑尘方式。

3.0.5　通过冲洗、清扫及除尘器等设备收集的粉尘应进行集中处理。

【条文说明】传统操作中，通过除尘器收集及通过冲洗、清扫回收的粉尘一般不经处理即简单归垛。由于这些回收物大多是细颗粒，回放在堆垛表面，一经扰动便很容易形成扬尘，造成二次污染。因此，有必要通过机械化手段，将各类回收的煤粉、矿粉集中处置，再回放在堆场，杜绝二次污染。

3.0.6　码头各作业环节应采取有效的除尘措施，控制大气污染物排放限值符合表 3.0.6 的规定。

表 3.0.6　码头大气污染物排放限值

序号	污染物	排放方式	排放限值
1	颗粒物	有组织排放	不大于 30 mg/m^3
2		无组织排放	监控点①与参照点②浓度差值不大于 1.0 mg/m^3

注：1. 监控点①为周界外浓度最高点，一般设置于无组织排放源下风向的单位周界外 10 m 范围内。
2. 参照点②为周界外本底浓度点，一般设置于无组织排放源上风向的单位周界外 10 m 范围内。
3. 本表所列排放限值均以标准状态下的干空气为基准，标准状态指温度为 273 K、压力为 101 325 Pa 时的状态。

【条文说明】本条表中数值参考了河北省《钢铁工业大气污染物超低排放标准》(DB13/ 2169—2018)和多个地方大气污染物排放标准的相关规定，比《大气污染物综合排放标准》(GB 16297—1996)表 2 中的限值更严格和有针对性。

单位周界是指单位与外界环境连接的边界。通常依据法定手续确定边界，若无法定手续，则按目前的实际边界确定。

3.0.7　除尘装置排气筒高度不宜低于 15 m，排放速率应满足现行国家标准《大气污染物综合排放标准》(GB 16297)的有关规定。当排气筒高度低于 15 m 时，其排放速率应按现行国家标准《大气污染物综合排放标准》(GB 16297)的有关规定计算确定。

3.0.8　有防冻要求的地区，采用湿法除尘抑尘方式时，除尘抑尘系统应采取伴热、保温的防冻措施。

4 总平面布置

4.0.1 码头选址应符合港口总体规划，与居住、商贸、高新技术产业园等环境敏感区应保持必要的防护距离。码头露天堆场边界与上述区域的距离不宜小于 2 km，并应满足环境影响评价要求。对于难以满足上述距离要求的改、扩建项目，应加强环保措施，并应进行专题论证，根据环境影响评价结论确定防护距离。

【条文说明】目前国内外已建煤炭矿石码头距居民等环境敏感区距离不等，采用的措施不同，效果也不一致。考虑到目前我国码头管理水平及已有码头粉尘影响情况，故确定码头露天堆场与环境敏感区域的距离不宜小于 2 km。对于不能达到本条款规定的改、扩建项目，在考虑更加完善的环保设施基础上，可适当减少防护距离，但需通过环境影响评估论证。

4.0.2 煤炭、矿石码头应布置在环境敏感区全年主导风向的下风侧。根据港区地形、周边环境等条件，码头与堆场宜采用相邻式布置。

4.0.3 总平面布置应保证港口装卸工艺系统流畅，码头区、堆场区、卸车区、装车区等各作业区应布置紧凑，减少水平输送距离和转运环节。

4.0.4 煤炭或矿石堆场宜集中布置，堆存方式应根据货种、货种批量、堆存期、环境条件等因素综合确定。煤炭可采用露天堆场、条形仓、筒仓、穹顶圆形料仓等堆存方式，矿石可采用露天堆场、条形仓等堆存方式。

【条文说明】专业化煤炭、矿石码头堆场配备大型机械较多、堆存量大，目前国内外多采用利用率高、较经济的露天堆存方式。露天堆存也增加了对大气环境污染的风险，为此码头均设置了经济高效的堆场洒水设施，对堆场粉尘起到了有效抑制作用。但北方港口大多水资源匮乏，且大气干燥，粉尘较难控制，对周边环境敏感区影响较大。因此，条文提出了可采用条形仓(包括封闭式和半封闭式)的储存方式，而对于堆存周期短、有配煤要求的工程还可采用筒仓、穹顶圆形料仓等堆存方式。对于采用此类堆存方式的，要求要满足防爆、防火、职业卫生等要求。目前实际工程中部分堆场已有采用条形仓、筒仓、穹顶圆形料仓堆存方式的，取得了较好的效果和经验。筒仓和穹顶圆形料仓不适宜黏性大且堆存时间较长的矿石堆存，一般在钢厂内作为配料仓使用。

4.0.5 露天堆场应设置防风抑尘网，其平面布置应考虑堆场规模、设网条件、气象条件、地形条件、工艺流程、防护距离、环境保护目标等因素，宜采用环形封闭式布置。防风抑尘网也可与条形仓组合布置，使条形仓成为堆场外侧防风屏障的组成部分，条形仓宜布置在堆场上风侧。

【条文说明】条形仓因考虑仓内设备的作业范围，其高度一般大于 40 m，可起到屏障作用，因此可与防风抑尘网组合布置，既起到防尘抑尘作用也减少了投资。

4.0.6 港区主干道两侧、防风抑尘网外侧及辅建区四周应布置绿化带。绿化树种应适合北方气候和当地土壤条件。绿化带宜采用乔木和灌木相结合的方式，兼具景观及防风抑尘功能。在道路交叉口的视距三角形内，绿化带高度不应超过 0.75 m。

【条文说明】考虑绿化带有吸尘、降噪的优点，因此在人员或车辆运行较多的辅建区、道路两侧宜布置绿化带，并设置一定的宽度和高度，遮蔽堆场堆垛和设备，达到美化环境的目的。

4.0.7 条形仓为半封闭结构时，其各部分设计尺度应能保证防风效果，避免大风作用下的粉尘外逸，必要时应通过数学模型或风洞试验确定。

【条文说明】条形仓可分为封闭式和半封闭式，其中半封闭式是为解决储煤条形仓防火分区限制而采用的新型结构，其顶部大部分开敞，通过围墙及屋面的遮挡和挑流作用，使室内料堆表面的风速降至物料的起尘风速附近，使物料不致起尘，从而基本解决散货堆场起尘污染环境问题。

4.0.8 煤炭、矿石露天堆场应设置消防通道。采用封闭及半封闭堆存方式时，应符合现行国家标准《建筑设计防火规范》(GB 50016)的有关规定。

4.0.9 条形仓采用间断式布置时，其间断部分宜设置防风网，条形仓两端宜封闭并在皮带机出入口处设置防尘设施。

【条文说明】煤炭条形仓间断布置时，间断处形成风口，风速增大，经数模研究，间断处抑尘效果反而不如四周防风网，因而，间断处需增设防风网。

4.0.10 对于堆存期短、品种单一的煤炭码头，可采用筒仓或穹顶圆形料仓堆存。采用筒仓堆存时，煤炭堆存期不宜大于 6 d。

【条文说明】根据港口运行经验及相关数值模拟研究，筒仓的平均堆存期宜取 2～6 d。国家自然科学基金(51174209)《筒仓储煤自然发火期研究》一文研究了神优、外购、神混 3 个具有代表性煤样的温度升高过程和自然发火期，初温 30 ℃时 3 种煤样自然发火期约分别为 8.2 d、10.6 d、15.5 d，增大初温，发火期骤减；初温 40 ℃时分别为 3.14 d、3.96 d、5.82 d。实际运营中入仓煤温一般不超过 30 ℃，考虑一定安全富裕度，并结合实际运营经验，规定堆存天不大于 6 d。

4.0.11 筒仓宜成组布置，并应配套布置满足应急情况下倒仓作业要求的应急露天堆场，露天堆场容量不宜小于单个筒仓容量的 2 倍。

4.0.12 生产建筑物与主要辅助生产建筑物应布置在前方作业区，其他辅助生产建筑物及辅助生活建筑物宜集中布置在码头后方辅建区。后方辅建区与露天堆场之间应设置防风抑尘网、绿化等防风屏障，并宜远离堆场。

4.0.13 煤炭或矿石堆场与道路之间宜设置移动式混凝土挡墙，挡墙的布置应满足以下要求。

4.0.13.1 挡墙宜采用标准模块组合而成。单个模块高度宜为 0.8～1.0 m，长度宜为2～3 m,底部宜设置排水口。

4.0.13.2　挡墙宜连续布置,且应按垛位布置情况设置流动机械通道,通道宽度应根据通行车辆需求确定。

【条文说明】设置挡墙将堆垛与道路分隔,主要目的有:① 限制煤炭、矿石的堆存范围,避免堆料过程中,物料洒落在道路上,造成二次扬尘;② 降雨时可减缓堆场内含尘雨水向周边排水沟的排放速率,达到一定程度上减少物料流失的目的。

挡墙高度取0.8～1.0 m,其下限主要考虑堆场一般有0.2～0.3 m料底,其上留有0.5 m堆料过程中防止飞溅外溢的富裕高度;同时该高度可保证站立或车辆上人员视线可有效观察堆场上部及设备,便于巡视。移动挡墙一般考虑便于叉车搬运,质量约2 t,故长度一般为2～3 m,下设2处叉车作业孔洞,尺度和间距满足叉车作业要求。放置后,该孔洞可作为堆场的排水通道,因此一般挡墙底部设置2个孔洞,可兼做排水口,孔口尺度一般为宽0.2 m、高0.1 m。

4.0.14　场内生产车流宜设置固定路径,并与非生产车流分离。

4.0.15　堆场内道路宜设置排水明沟,排水明沟净宽不应小于300 mm。

4.0.16　港区陆域不应有裸露土地,除码头、堆场、道路等硬化区域外,其他裸露区域应根据地形、生产设施布置、港区功能分区,合理设置一定面积的港口生态空间。港口生态空间设置遵循以下原则。

4.0.16.1　港口生态空间占地面积与项目总占地面积的比率,新建项目不宜小于10%,改扩建项目不宜小于5%。

4.0.16.2　对于已建码头,可利用因运输方式转变而废弃的汽车停车场等区域建设池塘等生态空间,作为雨水收集地。

4.0.16.3　港区铁路装卸线环线以内的空置土地,可设置生态空间,以收纳雨水、压舱水等。

4.0.16.4　港区供调蓄水量的池塘宜采用生态型池塘,池塘护岸应采用生态型护岸。池塘容量应根据占地面积、水深、储存及调节水量需求等因素综合确定。池塘底标高宜取当地地下稳定水位以下0.2～0.5 m。

【条文说明】为实现多层级抑尘降尘、改善生态环境、节约水资源,根据国家的环保政策和《建设项目用海面积控制指标(试行)》的要求,结合黄骅港煤炭港区的运行经验,港口煤炭矿石码头应设置一定的生态空间,尤其是池塘、水系、人工湿地等,其建设成本较混凝土水池、绿化等低很多,但可收纳雨水、压舱水等,节约水资源,改善生态环境。

经对津冀部分煤炭矿石码头港区绿化以及各类闲置空地占地面积的统计(见表4.1),通过改造,港区生态空间占比达到5%是可行的;新建项目根据《建设项目用海面积控制指标(试行)》的要求,生态空间面积占比要不小于10%。

表 4.1　津冀煤炭矿石码头生态空间统计表

项　目	生态空间/hm²						总面积/hm²	百分比/%
	污水池	清水池	湿地	绿化	闲置空地	合计		
天津港南疆港区神华煤炭码头工程	0.4	0.2		6.48		7.08	88.3	8.0
天津港南疆散货码头工程	0.15	0.2		4.17		4.52	47	9.6
天津港南疆港区 26 号铁矿石码头工程	0.15	0.2		15.84		16.19	238.9	6.8
黄骅港一期工程、黄骅港二期工程、黄骅港三期工程、黄骅港(煤炭港区)四期工程	1.18	0.58	65.88	38.52		106.16	596.5	18.8
唐山港曹妃甸港区煤码头起步工程、唐山港曹妃甸港区煤码头续建工程	0.3	0.4		6	17.5	24.2	343.5	7.0
唐山港曹妃甸港区煤码头(二期)工程	0.15	0.2		3		3.35	106	3.2
唐山港曹妃甸港区煤码头三期工程	0.15	0.2		4.95		6.19	121.8	5.08
唐山港曹妃甸港区矿石码头一期工程、唐山港曹妃甸港区矿石码头二期工程	0.17	0.19		13	20	33.36	255	13.1
唐山港曹妃甸港区矿石码头三期工程	0.14	0.2		11	7.4	18.74	103	18.2
唐山港京唐港区 36 号至 40 号煤炭泊位工程	0.2	0.85		7	10	18.05	156.2	11.56
黄骅港散货港区矿石码头一期工程	0.12	0.14		2		2.26	114.24	2
京唐港首钢矿石有限公司一期工程	0.23	0.15		8.57	4	12.95	130	9.96

运输方式向“公转铁”调整后，已有矿石码头配置的停车场将闲置，经改造作为生态空间是比较合适的。

煤炭港区后方一般设置环形铁路车场，铁路环线内的土地因交通不便，一般未开发利用，这部分区域可作为池塘等生态空间使用。此部分生态空间可由铁路装卸线服务的港区各项目共享。

池塘的底标高应保证池塘全年均有一定水深，一方面，避免池底裸露，大风二次扬尘；另一方面，可使当地的海生动植物便于生长，达到改善生态的效果，故池塘底标高需位于当地地下稳定水位以下。地下稳定水位指经钻探等地质扰动后的地下水位经过一定时间恢复到天然状态后的水位。

5 装卸设备粉尘控制

5.1 一般规定

5.1.1 码头装卸和输送设备，应配备完善的除尘抑尘系统，并遵循以抑尘为主、除尘为辅的原则，采用除尘抑尘相结合的方式，有效控制和减少粉尘对周边环境的污染。

【条文说明】本条区分了抑尘方式和除尘方式，抑尘就是通过采取一定措施从各工艺环节抑制粉尘的发生，省却了粉尘发生后再除尘的过程；除尘就是从含尘气体中去除颗粒物以减少其对大气的污染。抑尘常见方式有减少物料转接次数、降低转接点的落差及冲击速度、减少诱导风、增加物料含水率、喷洒抑尘剂、干雾抑尘、密闭等；除尘常见方式有干法除尘、湿法除尘、静电除尘等。

5.1.2 除尘抑尘应根据工艺流程及装卸物料的特性，并结合当地的供水、供电条件，采用技术先进、除尘抑尘效果好、运行费用低的方式。

5.1.3 装卸设备所采用的粉尘控制装置应选择自动化程度高、节能、环保的产品。

5.1.4 粉尘控制应从作业源头治理，提高来料含水率，减少后续流程粉尘扩散。煤炭码头宜在翻车机房底层给料机处设置洒水装置，对于来料含水率较低的矿石码头，可在卸船机接料漏斗下部给料机处设置洒水装置。洒水强度应根据接卸物料实际含水率控制，必要时通过现场试验确定。

【条文说明】粉尘控制从源头开始，可以降低整个流程的除尘成本、提升除尘抑尘效果。在煤炭码头翻车机房底层给料机处设置洒水装置，可使煤炭颗粒表面含水率增加到一定量，从而在后续装卸作业中极大减少了煤炭的起尘量。黄骅港煤炭港区经试验得出结论：对不同煤种，当洒水量达到煤炭总质量的0.6%～0.7%时，可达到控制煤尘污染的目的。对于来料含水率低的矿石码头，在卸船机接料漏斗下部给料机处设置洒水装置会降低整个流程的起尘量。

5.1.5 装卸船机、堆场堆取料设备、翻车机、装车楼等的除尘抑尘宜采用湿法除尘抑尘方式，并配备必要的配套支持系统。

5.1.6 采用湿法除尘抑尘时，装卸设备的物料转运处应设置喷嘴组。喷嘴组应采用雾化性能和节水性能好的水雾喷嘴或干雾喷嘴，喷嘴数量应能使产生的水雾有效抑制粉尘扩散。

【条文说明】设置喷嘴组时需考虑喷嘴防冻措施，避免喷嘴在冬季因末端残留水容易结冰而不能喷水或喷雾，导致除尘抑尘装置无法正常使用。喷嘴组设置时，为便于根据物料特性调节除尘抑尘用水量，往往采用多级水量调节装置，以达到节约用水的目的。

5.1.7 翻车机房、卸车坑道、码头面、转运站等处应设置水力冲洗设施或真空清扫设施。采用真空清扫方式时，真空清扫接头箱间距宜取10～30 m。

5.1.8 装卸、堆取设备配置的水箱容积应根据除尘抑尘方式确定，并应符合下列规定。

5.1.8.1 采用水雾抑尘时，宜按不小于 30 min 用水量计算。

5.1.8.2 采用干雾抑尘时，宜按不小于 1 个工作班的用水量计算。

5.1.8.3 采用堆取料设备臂架洒水方式时，宜按不大于堆取料设备喷洒单侧整条堆场的用水量计算。

【条文说明】目前国内各港口装卸设备大多数采用喷雾抑尘，近年来采用干雾抑尘的在增多。装卸设备采用喷雾抑尘的其水箱容积多按 30 min 用水量设计，采用干雾抑尘的其水箱容积多按 1 个工作班的用水量设计，以减小水箱容积和荷载，确保除尘系统连续使用。

根据实际经验，利用堆取料设备臂架设置洒水装置是较为有效的抑尘方式。考虑到抑尘效果及工作效率，装卸设备配置的水箱容积按不大于堆取料设备喷洒单侧整条堆场的用水量计算。

5.1.9 装卸船设备、堆场堆取料设备抑尘用水可采用自动上水、供水栓定点上水、水缆上水、供水槽上水等方式。采用供水槽供水方式时，供水槽位置及尺寸应满足机上供水泵的吸水条件要求。仅采用供水槽一种方式供水时，水槽应采取防冻措施。

【条文说明】为确保抑尘装置在冬季的正常使用，同时为适应装卸设备自动化升级改造的需求，抑尘装置自动上水设施是近年各港积极采用的供水方式。同时，有的港口也在尝试其他上水方式，秦皇岛港的水缆上水设施，经实践，也是适合于北方港口的一种供水方式。仅采用水槽供水时，为保证冬季正常使用，需设置可靠的防冻设施。

5.1.10 粉尘控制装置应和装卸设备联锁运行自动控制。

【条文说明】为确保粉尘控制装置的投入运行，避免与装卸设备不同时运行情况的出现，真正发挥其除尘抑尘的作用，制定本条款。

5.2 装卸船设备

5.2.1 装卸船机应在皮带机头部设置密闭罩，在物料转运处设置导料槽、密闭罩和防尘帘。

5.2.2 装船机应在尾车和臂架皮带机两侧均设置防风板，在尾车头部、导料槽和出料溜筒等部位设置喷嘴组，并宜在臂架皮带机下方设置回程皮带落料收集装置。回程皮带落料收集装置及喷嘴组的设置应满足下列要求。

5.2.2.1 在固定臂下方设置通长接料板，在臂架皮带机尾部设置存料漏斗、落料溜槽以及附属装置。

5.2.2.2 存料漏斗侧壁和接料板下方宜设置振动电机，辅助清理黏煤或冻煤。

5.2.2.3 喷嘴组前应设置过滤装置。

【条文说明】根据现场使用经验，当装船机臂架非工作状态抬起时，接料板的物料会随着臂架角度的加大而发生滑落，从臂架尾部无组织洒落至码头，造成粉尘污染。因此，装船机增加臂架回程皮带落料收集装置，落煤被接料板收集后，在臂架俯仰过程中回落到存料漏斗，臂架在水平位置时可打开存料漏斗的闸门，通过落料溜槽回收到码头皮带机，在码头皮带机头部集中清理，实现将接料板上的粉尘有序收集并集中处理。为避免黏煤或冬季冻煤附着在接料板或存料漏斗上无法自动脱落，宜在存料漏斗侧壁和接料板下方设置振动电机，辅助清理黏煤或冻煤。装船机溜筒周围布置环形的干雾或水雾喷嘴组，也有采用小型雾炮的案例，在喷嘴组前的洒水管道增加水过滤系统，以减少喷嘴堵塞概率。

5.2.3　装船机尾车卸料滚筒宜设置皮带自动清洗清扫装置或回程皮带落料收集装置。

【条文说明】通过在装船机尾车卸料滚筒处设置皮带自动清洗清扫装置或其他有效的回程皮带落料收集装置，减少码头皮带机皮带上的余料，避免回程皮带余料的洒落，减小人工清理作业强度。

5.2.4　皮带自动清洗清扫装置的设置应遵循下列原则。

5.2.4.1　应由3～4道清扫器及1道清洗装置组成。

5.2.4.2　第1道清扫器安装于抛料滚筒前方，去除回程皮带所带的大部分黏附物，清理物落于主溜筒内。

5.2.4.3　第2道清扫器安装于抛料滚筒下方，清理皮带黏附的细小物质，清理物落于主溜筒内。

5.2.4.4　清洗装置宜安装于第2道清扫器和第3道清扫器之间的回程皮带下方，并安装手动阀和电磁阀。电磁阀应接入皮带PLC控制系统，与皮带启停联锁控制。

5.2.4.5　第3道清扫器和第4道清扫器均安装于回程皮带下方，对皮带剩余黏附物进行清扫，清扫物落于副溜筒内，主溜筒与副溜筒相连接。

【条文说明】实践证明，设置3或4道清扫器及1道清洗装置对于减少回程皮带余料的洒落是极为有效的。清扫器数量及材质可根据现场工况综合确定，合金材质清扫器常用于清理皮带黏附物，聚氨酯材质清扫器常用于清除皮带回程带面残留水渍。清洗装置的手动阀可调节出水量大小，在有效清扫皮带的同时避免水流溢出。落于副溜筒内的清扫物最终落入下游皮带。

5.2.5　装船机臂架头部滚筒处应设置不少于2道清扫器。

【条文说明】装船机臂架头部传统采用的是一道一级滚筒清扫器，清扫效果较差，造成臂架回程皮带洒煤严重，故在臂架头部滚筒增加1套清扫器，保证清扫效果。清扫器应选用机械强度高、耐磨耐高温特性好、清扫精度高、安装方便的产品。

5.2.6　装船机尾车卸料滚筒处宜加装弧形导流板，并在底部出料口加装勺形溜槽。

【条文说明】在尾车进料口的抛料滚筒处加弧形导流板，在底部出料口加装勺形溜槽，可减轻物料在尾车与悬臂之间的物料冲击，有效地降低设备磨损率，更大程度上避免扬尘的产生。

5.2.7　抓斗式卸船机应采用防泄漏抓斗，并在接料漏斗上口和码头皮带机供料的导料槽处设置喷嘴组。

5.2.8　卸船机接料漏斗下方给料机处设置洒水设施时，码头皮带机上宜设置水分测定仪，对皮带机物料含水率进行实时监测，以控制物料的洒水强度。

【条文说明】码头皮带机上设置水分测定仪可实现对于物料含水率的实时监控，自动调节洒水量，以较小的用水量实现对粉尘的有效控制。物料含水率控制值可根据物料种类通过相关试验研究确定。

5.2.9　抓斗卸船机接料漏斗海侧应设有抓斗作业时可开启放下的接料板，接料板的设置应符合下列规定。

5.2.9.1　接料板打开时可作接料用，接料板铰支座应设置在接料漏斗前侧，并可由驱动机构自动控制。

5.2.9.2　接料板尺寸设计应防止物料在装卸过程中洒落到周边，并避免接料板与船舶碰撞。

【条文说明】根据既有码头抓斗卸船机设计及现场使用经验，在卸船机接料漏斗海侧均设接料板。接料板打开时可作接料用，接料板铰支座设置在接料漏斗前侧，抓料作业完成后，可由驱动机构提升接料板，将收集的物料回送到漏斗中，避免物料洒落至码头或海中造成的粉尘环境污染。

5.2.10　链斗卸船机应设置链斗清洗池。

5.3　堆场堆取料设备

5.3.1　堆料机应在尾车头部、臂架皮带机导料槽和臂架头部处设置喷嘴组。

5.3.2　取料机应在斗轮、中心漏斗和地面皮带机导料槽处设置喷嘴组。

5.3.3　堆取料机应在斗轮、中心漏斗、臂架皮带机导料槽和地面皮带机导料槽等处设置喷嘴组。

5.3.4　堆取料设备喷嘴组应能有效覆盖起尘范围。

5.3.5　堆料机及堆取料机堆料作业时应减少落料口与落料点之间的落差，落差宜小于 2 m。

5.3.6　堆料机、堆取料机尾车卸料滚筒处宜设置皮带自动清洗清扫装置或回程皮带落料收集装置，皮带自动清洗清扫装置的设置应符合 5.2.4 条的规定。

【条文说明】通过在堆取料设备尾车头部卸料滚筒处设置皮带自动清洗清扫装置或其他有效的回程皮带落料收集装置，以减少皮带上的余料，避免回程皮带余料洒落造成的粉尘污染。

5.3.7　堆取料设备臂架可设置堆场洒水装置，并应符合下列规定。

5.3.7.1　沿臂架设置的洒水管路长度应能覆盖其下方料堆，管路及喷头设置不应妨碍堆取料设备作业。

5.3.7.2　喷头布置间距宜为1 m。

5.3.7.3　堆取料设备应在适当位置设置水箱，水箱容积应满足5.1.8条的规定。

5.3.7.4　水箱宜采取自动上水方式，并应设置保温设施。

【条文说明】根据现场使用经验，为解决传统堆场喷枪洒水系统不及时，表面含水率不能保证，以及喷枪洒水不均匀，冬季可能造成物料板结的问题，可设置堆取料设备臂架洒水装置。此装置是在堆取料设备臂架上安装供水管路和洒水喷头，同时堆取料设备自带水箱并设置保温，在行进过程中开启喷头，形成均匀的水幕，覆盖下方煤垛，实现均匀洒水。此方式可以解决由于喷枪大水流导致的表层冻结、洒水不均等问题。该技术洒水范围精度高、补水均匀，冬季洒水后可使煤垛覆盖一层薄薄的冰层，有效解决了水分蒸发造成的起尘问题。

5.4　带式输送机及转运站

5.4.1　进行带式输送机系统设计时应优化工艺布置，减少物料转接点、降低物料落差。

5.4.2　在带式输送机选型时，宜选取大带宽、低带速的输送机。

【条文说明】通过减小物料在皮带承载面的充满率，能够有效减少输送机沿线的洒落，特别是遇到大料流的情况；地面或码头皮带机与尾车衔接处由于弧度半径较小也极易洒料；而低带速能够降低物料的冲击速度，减少转接的起尘量，因此在带式输送机选型时经技术经济论证可适当选取大带宽、低带速的方案，以减少物料的洒落。

5.4.3　当输送机需穿越城区、铁路、道路、河道等区域时，穿越段应采用封闭廊道或管状带式输送机。

【条文说明】管状带式输送机中间成管段封闭输送，环保效果相对较好，当输送机需要穿越环保要求较高地带时，经技术经济论证，除采用封闭廊道外，也可考虑采用管状带式输送机方案。

5.4.4　除需要和装卸设备配套的皮带机外，其他区域的带式输送机应用皮带罩或廊道予以封闭。

5.4.5　转运站应在转接落料、逸尘点处设置导料槽、密闭罩、防尘帘等密闭设施，对于布置有皮带机的楼层宜予以封闭。

5.4.6　在转运站内的上游皮带机密闭罩和下游皮带机的导料槽等处应设置除尘或抑尘设施。

5.4.7　在转运站内皮带机头部滚筒处宜设置皮带自动清洗清扫装置，并应符合5.2.4条的规定。

【条文说明】通过在转运站内皮带机头部回程皮带适当位置设置皮带自动清洗清扫装置，以减少皮带上的余料，避免回程皮带余料洒落造成的粉尘污染。

5.4.8　转运站物料溜槽宜采用曲线溜槽，减少转载点的扬尘，曲线溜槽设计应符合下列规定。

5.4.8.1 在转运站抛料滚筒上方应设置弧形导流板，导流板弧度应根据物料在转接漏斗中的运行轨迹确定。

5.4.8.2 在物料改向和卸料高冲击点处溜槽应进行圆弧曲线过渡，保证物料沿卸料弯槽的切面方向运动，实现对料流的柔性约束。

5.4.8.3 溜槽底部应设置弧形卸料弯槽装置，实现物料的平稳转接和传递。

【条文说明】通过对物料输送过程的模拟仿真，实现溜槽对料流的柔性约束，设置圆弧曲线过渡和弧形卸料弯槽装置可以减小对物料前进速度的影响，降低物料因方向改变对设备的冲击，避免物料运输过程中因速度急剧转变而造成的磨损和冲击，并减少堵塞、扬尘和噪声污染，实现物料在不同设备间的平稳转接和传递。

5.4.9 码头面装船皮带机及堆场堆料皮带机头部漏斗下方宜设置粉尘收集箱，集中收集装船、堆料皮带机余料。粉尘收集箱与头部漏斗出料口应设置可上下伸缩的密封装置，并实现无缝连接，防止粉尘收集过程中的泄漏。

【条文说明】根据现场使用经验，针对没有下游转接点的皮带机（主要是码头皮带机和堆场堆料皮带机），在带式输送机头部下方设置粉尘收集箱，配合清扫器使用，将清扫下的物料收集起来，集中处理，避免洒落地面扬尘污染。

5.4.10 转运站采用湿法除尘抑尘方式时，宜采用干雾抑尘。

【条文说明】干雾抑尘方式除尘效果好，运行费用低，用水量不到水雾抑尘方式的十分之一。根据太原理工大学的研究，采用水雾抑尘方式水雾颗粒的大小和水雾流量都与供水压力有关，压力越大，水雾颗粒越小，水雾密度和流量也越大，降尘效果就越好；最大除尘效率 1.0 MPa 水压下是 30%，3.0 MPa 水压为 60%，6.0 MPa 是 80%，而要达到 90%的降尘效率需要的供水压力是 9.0 MPa。港口转运站供水压力多在 0.5 MPa 以下，在合理选择喷嘴的情况下除尘效率低于 30%。采用湿式除尘器会产生大量的污水，增加污水处理设施和费用。因此不建议采用水雾抑尘方式和其他会产生大量污水的除尘方式。

5.4.11 转运站采用干法除尘方式时，宜采用微动力、静电或布袋等除尘方式。对于爆炸性粉尘环境，除尘器应配备泄爆装置，除尘器进口管道应设置隔爆阀，除尘风机宜采用防爆风机，风管及部件均应采用非燃烧性材料，除尘管道应设置泄压装置。

5.4.12 干法除尘风量可按下式估算：

$$L = 70\, mW\sqrt{H} \tag{5.4.12}$$

式中 L——计算风量（m^3/min）；

m——物料系数，取 0.8～1.0，物料比重大时取大值，比重小时取小值；

W——皮带带宽（m）；

H——皮带机转接点落差（m）。

【条文说明】此估算公式是借鉴国外的经验公式，目前国内港口煤炭和矿石转运站干式除尘系统风量计算大多采用此公式。使用经验表明，利用此公式估算风量进行除尘系统设计可以取得较好的除尘效果，又不会使设备选型过大。

5.4.13 干法除尘系统设计时，除尘管道最低风速宜满足下列要求：

(1) 对于矿尘，水平管道风速 18 m/s，垂直管道风速 16 m/s；

(2) 对于煤尘，水平管道风速 13 m/s，垂直管道风速 11 m/s。

【条文说明】干式除尘系统除尘管道设计，要求既要使管道阻力尽量小，又要避免粉尘在管道沉积。根据《工业建筑供暖通风与空气调节设计规范》(GB 50019)和设计使用经验，提出了除尘管道最低风速。

5.4.14 微动力除尘器和袋式除尘器的过滤风速应根据清灰方式确定。采用脉冲清灰时，过滤风速不宜大于 1.2 m/min。

5.4.15 当采用静电除尘器时，粉尘比电阻应为 $10^4 \sim 10^{11}$ Ω·cm；电场风速宜采用 0.6～1.2 m/s。当煤炭的干燥无灰基挥发份大于或等于 46%时，不应采用高压静电除尘器。

5.5 装卸车设备

5.5.1 轨道移动式火车装车机应设置导料槽、密闭罩、防尘帘等密闭设施，并应符合下列规定。

5.5.1.1 设置相应的抑尘设施，宜采用水雾或干雾抑尘方式。

5.5.1.2 在尾车头部、臂架皮带机导料槽和臂架头部应设置喷嘴组。

5.5.1.3 臂架头部喷嘴应能够有效覆盖起尘范围。

5.5.2 装车楼宜采用干雾抑尘或水雾抑尘方式，在装车楼进线皮带机的头部、装车溜筒等处设置干雾或水雾喷嘴组。

5.5.3 翻车机应设置除尘抑尘装置，并应符合下列规定。

5.5.3.1 翻车机房地面层的翻车机漏斗四周均应采用干雾抑尘方式，设置干雾抑尘喷嘴组。

5.5.3.2 翻车机房漏斗层基坑两侧的卸料区域应设置密封装置。

5.5.3.3 翻车机房底层皮带机上的物料转接点处的漏斗溜槽应为曲线溜槽或弧形导料溜槽，控制物料集中落在皮带中央。

【条文说明】翻车机房从地面层、漏斗层和底层分别采取不同的粉尘控制方式，取得较好的抑尘效果。转接点处的漏斗溜槽设置曲线溜槽或弧形导料溜槽是为了对出口料流进行塑形，减少煤炭洒落。

5.5.4 翻车机漏斗下方给料机处宜设置洒水装置，应满足下列要求。

5.5.4.1 翻车机房底层给料机处应安装洒水管路及喷头。

5.5.4.2 洒水管路的每条支路供水管应安装电动阀及流量计，电动阀应与控制系统联动，可根据控制系统指令调节洒水量。

5.5.5　翻车机漏斗下方底部皮带机上宜设置水分测定仪，实时监测皮带上煤炭含水率。经翻车机漏斗下方洒水装置洒水后的煤炭外含水率应达到6%～8%。

5.5.6　翻车机房底层皮带机导料槽物料转运处应设置湿法电除尘器或干雾抑尘设施。

【条文说明】干式布袋除尘器由于作业现场空气湿度较大，很容易造成除尘器布袋的堵塞，实际使用效果较差，故采用湿法电除尘器或干雾除尘抑尘设施。

5.5.7　车辆进出翻车机房处宜设置防尘软帘，减小风力对漏斗四周除尘抑尘系统的干扰。

5.6　筛分系统设备

5.6.1　筛分系统宜设置在封闭建筑物内，根据系统不同位置分别采用湿法或干法除尘抑尘方式。

5.6.2　在进线皮带机头部、筛上物和筛下物对应皮带机的导料槽等处宜采用干雾抑尘方式，相应设置干雾喷嘴组。

5.6.3　振动筛对应的敞开区域应进行密闭，并应采用干式除尘方式。除尘器宜采用袋式除尘器或静电除尘器。

6 煤炭、矿石堆存粉尘控制

6.1 一般规定

6.1.1 煤炭堆存时其堆垛表面含水率不宜低于6%。矿石堆垛表面含水率应根据矿石性质确定，不宜低于5%。

6.1.2 采用露天堆存方式时，宜配置含水率监测仪，根据监测数据调整洒水次数和洒水量。

6.1.3 码头应配置流动清扫车、洒水车或喷扫两用车，并配备必要的冲洗设备。配置数量应根据堆场规模和作业条件确定。清扫、洒水范围应包括码头、道路及其他硬化区域。

6.2 堆场洒水

6.2.1 码头露天堆场应配置固定式喷枪洒水抑尘系统。经论证，小型堆场也可采用移动式洒水设施或高杆喷雾抑尘设施。

【条文说明】大型露天堆场配置固定式喷枪洒水抑尘系统已很普遍，并取得了较好的效果；对堆场周边设置移动式洒水设施或高杆喷雾抑尘设施能够有效覆盖的小型堆场，也可以此种方式代替固定式喷枪洒水抑尘系统，此种抑尘方式在国外及我国南方多有应用；移动式洒水设施主要指喷洒水车和车载式射雾器。

6.2.2 堆场喷枪宜按矩形或菱形布置。喷枪布置方式和数量应根据堆场面积、堆垛高度、喷枪性能、喷洒强度、布水均匀性及风力、风向等气象条件综合确定。

6.2.3 喷枪宜布置在堆取料机轨道基础上。堆场外侧无堆取料机轨道基础时，喷枪宜设在墩台上，墩台高度宜与堆取料机轨道基础高度相同，墩台四周应设置防撞设施。对外侧较窄的堆垛也可根据堆垛宽度单侧布置喷枪。

6.2.4 喷枪应选用雾化好、性能稳定的产品。喷枪喷出的水雾流射程轨迹应能覆盖整个堆垛表面。

6.2.5 喷枪喷洒频率应根据货物性质、堆垛表面含水率和气候条件确定。资料不足时，设计洒水量宜按夏秋季每天洒水2～3次、冬春季每天洒水3～4次估算。

【条文说明】调研发现，北方冬春季起尘量远远大于夏秋季，因此增加了冬春季洒水次数。

6.2.6 露天堆场除设置喷枪洒水抑尘系统外，根据当地气候及堆场条件，可设置高杆喷雾抑尘设施，并遵守下列原则。

6.2.6.1 高杆喷雾抑尘设施宜与喷枪洒水抑尘系统结合布置。经论证，小型堆场可由高杆喷雾抑尘设施代替喷枪洒水抑尘系统。

6.2.6.2 高杆喷雾抑尘设施布置方式和数量应结合堆场周边条件、堆场面积、堆垛高度、高杆喷雾性能及风况等条件综合确定。

6.2.6.3　高杆喷雾抑尘设施可与堆场四周防风抑尘网、高杆照明灯等设施结合布置。

【条文说明】煤炭、矿石堆场扬尘因素较多，各种影响因素相互交织，各种作业几乎同时都在进行，除堆场或道路在风直接作用下静态悬扬外，还有堆场的各种作业以及道路车辆走行发生悬扬，从而导致污染，且占相当大的比重。虽然在各个扬尘点均设置了针对点污染源的除尘抑尘设施，但还是有外逸粉尘，总体表现为面污染源。堆场固定喷雾抑尘即堆场高杆喷雾技术作为堆场抑尘的辅助设施，主要起到控制堆场面污染源的作用。在堆场边缘或适中位置设置高杆喷雾设施，利用有利的风向，控制其下游堆场作业面粉尘污染，效果较好。结合堆场四周防风抑尘网、高杆照明灯等设施，可节省高杆占地与投资。利用防风抑尘网设置喷雾设施还可利用防风抑尘网上部风速增强特性，使控制粉尘范围增大，起到事半功倍的效果。

6.2.7　露天堆垛可采取堆场堆取料设备臂架洒水的抑尘方式，作为堆场喷枪抑尘作业的补充。洒水频率根据堆垛表面含水率确定，宜为每天 2～3 次。

【条文说明】经现场实践，设置的堆、取料机臂架洒水装置具有洒水范围广、喷洒均匀的特点，可弥补喷枪在北方地区风天使用效果差的问题。冬季堆场经堆取料设备臂架洒水后还可在堆垛表面形成冰壳，有效减少堆垛的水分蒸发，解决堆垛起尘问题。

6.2.8　堆场洒水量及每次洒水时间可按附录 A 中公式计算，并按选定的喷洒设备规格进行复核。

6.2.9　堆场喷洒水系统宜采用集中自动控制，同时具有就地操作控制的功能。

6.3　堆场防风抑尘

6.3.1　防风抑尘网、围墙、防护林等防风屏障的设置不应影响港区内设备运行和堆场的正常作业，并应考虑整体视觉效果。

6.3.2　防风抑尘网应根据堆场货物性质、堆垛高度以及附近已有工程使用效果等条件，确定合理的高度、开孔率、板型、开孔方式等参数，必要时应通过数学模型或物理模型试验确定。一般情况，防风抑尘网高度宜取 1.1～1.5 倍的堆垛高度，且高出堆垛部分不应小于 1 m；开孔率宜取 30%～40%。

【条文说明】堆场防风抑尘网的高度主要取决于堆垛高度，相关研究表明，当防风抑尘网的高度为堆垛高度的 0.6～1.1 倍时，网高与抑尘效果成正比；当防风抑尘网高度为堆垛高度 1.1～1.5 倍时，网高与抑尘效果的变化逐渐平缓；当防风抑尘网高度为堆垛高度 1.5 倍以上时，网高与抑尘效果的变化不明显。因此，防风抑尘网的高度一般在堆垛高度 1.1～1.5 倍内选取。

防风抑尘网开孔率(网板上开孔总面积与网板面积的比值)根据抑尘效果、经济性综合确定，无孔或开孔率很低的防风抑尘网会在背风面生成涡旋或强湍流，发生扬尘和风蚀；而开孔率较高的防风抑尘网，防风抑尘效果较差，研究表明，开孔率30％～40％时防尘效果较好。

6.3.3　防风抑尘网的布置应充分利用其有效防护距离，在满足安全、工艺要求的前提下，宜靠近堆垛布置，其有效防护区域范围宜取2～16倍网高水平距离。

【条文说明】从防护距离上看，防风网对网前、网后均有一定的防护作用。根据交通运输部天津水运科学研究院相关研究，最佳防护区域在防风网网后约2～16倍网高水平距离范围内，综合风速削减效率可达79％。风洞试验结果显示，防风网对网前的防护距离为2～3倍网高水平距离范围，综合风速削减效率约为20％；对网后的防护范围则超过30倍网高水平距离，综合风速削减效率约为65％，且在30倍网高水平距离处风速削减效率仍可达34％。

6.3.4　防风抑尘网可根据工程情况、气象条件及后期维护条件等选用刚性网或柔性网。资料不足时，防风抑尘网挡风板尺度可参考附录B选取。刚性网挡风板宜选用金属蝶形三峰板，也可选用蝶形单峰、双峰板；柔性网宜选用聚酯纤维单层或双层网。

6.3.5　防风抑尘网应定期冲洗。沿防风抑尘网根部宜设置排水明沟，冲洗防风抑尘网产生的污水应经排水沟收集后纳入港区污水处理系统。

6.3.6　对于露天堆场中周转频率低的堆垛可采用苫盖、化学药剂喷洒覆盖等辅助抑尘措施。堆垛苫盖后应用压袋、网罩等进行封压防护。使用化学药剂喷洒覆盖时，药剂不应影响物料的品质。

7 场内流动机械转运粉尘控制

7.1 流 动 机 械

7.1.1 运输车辆宜采用封闭车型，采用敞车时，应对车厢进行全覆盖。

7.1.2 收集、转运粉尘的车辆，应采用整体箱装或罐装方式运输。

7.1.3 在码头、堆场进行汽车转运作业时，不得超载，汽车行驶速度不应超过 20 km/h。

7.1.4 码头区内进行汽车装、卸车作业时，应配备移动式远程射雾器对装卸点进行喷雾抑尘。

【条文说明】在煤炭矿石堆场现场调研及观测发现，汽车在堆场内的装卸车、转运作业造成的二次扬尘在堆场粉尘排放中所占比例较大，是造成粉尘排放的重要因素，故对此类作业的粉尘控制措施进行了规定。

7.1.5 射雾器配置数量及规格应根据可能同时作业的装卸点的数量及作业范围确定，并应保证对所有同时作业的装卸点均进行喷洒抑尘保护。射雾器产生的雾滴颗粒直径宜小于 150 μm。

【条文说明】研究表明，当粉尘遇到雾滴时，若雾滴大小与粉尘颗粒相同，其吸附、凝结的概率最大，会形成粉尘团并迅速下落，从而达到降尘的目的。而通常在料场环境下悬浮于空气中的粉尘颗粒粒径一般小于 100 μm，但射雾器雾滴粒径小于 100 μm 时，水分蒸发又很严重，会影响降尘效果，所以综合考虑，射雾器产生的雾滴颗粒直径宜小于 150 μm。

7.1.6 火车装车楼完成装车作业后，如装车楼缓冲仓内仍有余料，宜将余料装汽车后转运至堆场。装车楼余料装汽车作业应与装车溜槽抑尘系统联动。

7.1.7 堆场区出口应设置车辆冲洗站，运输车辆驶离作业区前应在冲洗站进行冲洗。冲洗站的数量及布置应能适应港区车流量的需求，不应影响出口通行效率。

7.1.8 车辆冲洗站宜包括冲洗区、沥水区和烘干区。冲洗区应配置感应式自动冲洗设施，烘干区应配置鼓风机及风嘴等。

7.1.9 自动冲洗设施尺度应按照港区运输作业的最大车型设置，并应满足下列要求。

7.1.9.1 冲洗设施应从两侧同时冲洗车辆，冲洗范围应包括车轮和车架。

7.1.9.2 冲洗供水强度宜为 15～30 m^3/h，每辆车的冲洗时间宜为 10～30 s。

7.2 道 路 堆 场

7.2.1 港区主干道、辅助道路、堆场、堆场两端的空场地、皮带机下方区域均应进行铺装、硬化处理。道路宜采用混凝土大板或沥青混凝土面层，堆场两端的空场地及皮带机下方区域宜采用混凝土大板面层，堆场及堆场内皮带机下方区域宜采用联锁块面层。

【条文说明】堆场两端空地及皮带机下方区域往往容易起尘，故应硬化，以便于机械化清扫或人工冲洗。

7.2.2 港区内道路应加强日常维护,对破损路面应及时修复。

【条文说明】此条规定是为减少运输车辆的颠簸,避免物料的洒落。

7.2.3 港区主干道路、辅助道路、堆场两端的空场地应采用机械化清扫方式,清扫次数根据季节及气候条件确定,不宜少于2次/d,清扫同时应配以洒水。

7.2.4 皮带机下方硬化区域应定期冲洗,冲洗水应排入周围排水沟,并统一处理。

7.2.5 汽车场内转运过程中,应在转运线路沿线道路洒水。转运完成后,应及时清扫道路。

【条文说明】在煤炭矿石堆场现场调研及观测发现,汽车在堆场内的装卸车、转运作业造成的二次扬尘在堆场粉尘排放中所占比例较大,是造成粉尘排放的重要因素,故对此类作业的粉尘控制措施进行了规定。

8 配套设施

8.1 水　　源

8.1.1 码头环境保护用水应有可靠的水源，应因地制宜广辟水源，可采用一个水源或多个水源，宜采用市政中水、处理后的港区雨水及污水，不足部分可由市政自来水补充。

8.1.2 内贸船舶的淡水压舱水收集后可作为堆垛洒水水源。压舱水应经水质检验，检验合格后方可使用。

【条文说明】目前黄骅港煤炭港区和神华天津煤码头均设置了压舱水接收设施。黄骅港煤炭港区来港船舶压舱水的接收率已达到90%以上。压舱水被接收后，需要测试含盐量和浊度等指标，一般均符合堆垛洒水用水质标准，可直接用于堆垛洒水等。此条规定鼓励煤炭码头建设压舱水接收、储存设施，将压舱水作为环保用水水源，达到节约利用水资源的目的。

8.1.3 码头环境保护用水不应使用地下水。

8.1.4 道路清扫、车辆和地面冲洗以及绿化用水水质应符合《城市污水再生利用城市杂用水水质》(GB/T 18920)中的有关规定。

8.1.5 堆垛洒水水质应不超过表8.1.5中的规定。

表8.1.5 码头堆垛洒水水质表

pH	色度/稀释倍数	悬浮物SS/$(mg \cdot L^{-1})$	五日生化需氧量$BOD_5/(mg \cdot L^{-1})$	化学需氧量COD/$(mg \cdot L^{-1})$	石油类/$(mg \cdot L^{-1})$	氯化物Cl^-/$(mg \cdot L^{-1})$	粪大肠菌群数/$(个 \cdot L^{-1})$
6～9	80	150	30	150	10	350	100

【条文说明】堆垛洒水主要包括喷枪洒水、堆取料设备臂架洒水等，其水质标准基于用水特点以及感官要求，参照《污水综合排放标准》(GB 8978)中二级标准制定。考虑卫生安全，其中的粪大肠菌群数指标按《污水综合排放标准》(GB 8978)中的一级标准确定；氯离子指标按《城市污水再生利用城市杂用水水质》(GB/T 18920—2020)确定。

8.2 供　　水

8.2.1 当用水水质相同、用水压力差异较小时，不同的环境保护用水项目可共用一套供水系统，用水水质不同或用水压力差异较大时应设置成各自独立的供水系统。供水系统采用供水泵加压时，每个系统宜设置一台备用泵。

【条文说明】用水压力差异较小一般指压差不大于0.4 MPa。为满足供水可靠性，供水系统的加压设备会按照压力最高的用水设备要求选型，当供水压力提高0.3～0.5 MPa时，加压设备电机功率往往需要提高一个等级，并且，此时压力要求较低的用水设备会因为供水管网压力高而增大了出水量，对节水、节电均不利。

8.2.2 供水系统的压力应根据系统最不利点所需压力确定。

8.2.3 供水系统泵站设计应符合现行国家标准《泵站设计标准》(GB 50265)中的相关规定。

8.2.4 码头粉尘控制用水量指标可按表 8.2.4 选定。

表 8.2.4 除尘抑尘及绿化用水指标表

用水类型	用水量指标	供水方式
煤炭堆场喷洒	2.0～3.0 L/(m^2・次)	喷枪+管道系统
矿石堆场喷洒	1.0～2.0 L/(m^2・次)	喷枪+管道系统
装卸及输送作业落料点喷洒	根据工艺料流、落差、货种含水率和气候条件等确定	喷头+管道系统
码头、皮带机转运站等作业区人工冲洗	3.0～5.0 L/(m^2・次)	人工冲洗站+管道系统
翻车机房底层给料机洒水装置	卸车煤炭重量的 0.6%～0.7%	喷头+管道系统
皮带自动清洗清扫装置	100～150 L/(h・套)	喷头+管道系统
道路喷洒	0.15～0.25 L/(m^2・次)	洒水车
绿化	1.5～2.0 L/(m^2・d)	洒水栓+管道系统或洒水车

【条文说明】根据天津大学所做《气象条件对煤炭、矿石堆场起尘影响专题研究》报告结果以及国内各大港口运行情况调研,煤炭堆场和矿石堆场的洒水要求是不同的,矿石堆场抑尘的含水率及洒水量均远小于煤炭堆场。根据试验结果推算,铁矿石堆场喷洒强度可取 1.0～2.0 L/(m^2・次)。由于本次试验对象是铁矿石,对非金属矿石不具有指导意义。翻车机房底层给料机洒水装置及皮带自动清洗清扫装置用水量指标均根据黄骅港煤炭港区的运行经验确定。

8.2.5 供水系统的管道布置可根据用水点的用水情况,采用环状或支状管网布置形式。供水系统干管流速宜采用 1.50～2.50 m/s。

8.2.6 有条件的煤炭码头宜配置压舱水接收设施,并应符合下列规定。

8.2.6.1 码头应设置接收管线及与船舶连接的快速接口,管线接收能力宜与船舶卸载压舱水的能力相匹配,缺乏资料时,可按 300 m^3/h 估算。

8.2.6.2 储存压舱水设施的容量宜按船舶压载水量计算,缺乏资料时可按每个泊位 2 000 m^3收水量估算。

8.3 排　　水

8.3.1 码头应设置完备的排水系统,含煤、含矿污水应收集、处理并回用。堆场外的道路雨水必要时可收集处理。

【条文说明】煤炭、矿石码头产生含煤、矿污水的场所和污水类型大致为：堆场径流雨水；码头面初期雨水；码头面和带式输送机廊道及转运站地面冲洗水；翻车机房地下室和坑道集水；汽车冲洗站冲洗水等。

8.3.2　堆场径流雨水量可按下式计算：

$$V = \Psi HF \tag{8.3.2}$$

式中　V——径流雨水量(m^3)；

Ψ——径流系数，依据场地铺砌类型确定；

H——多年最大日降雨深的平均值(m)，同时满足不小于港区排水设计重现期对应的降雨深度，H 值可参考附录 C 选用；

F——汇水面积(m^2)。

【条文说明】已建的煤炭、矿石码头雨水储存设施规模是根据《港口工程环境保护设计规范》JTJ 231—94 或 JTS 149—1—2007 的规定确定的，其计算降雨深度为“多年最大日降雨深的最小值”。但随着近年京津冀环保政策趋严，未经处理的污水严禁流入海域，已建的煤炭、矿石码头普遍反映含尘雨水储存设施规模偏小，容量不够，为提高雨水收集处理量，减少溢流雨水量，将 H 值标准提高为“多年最大日降雨深的平均值”。

8.3.3　码头区的初期雨水应收集进入污水处理系统，初期雨水的降雨深度可取 0.01～0.03 m，后期雨水宜通过调节构筑物后溢流排放。

【条文说明】初期雨水指需要收集处理的含煤或含矿污水；后期雨水指初期雨水之后的雨水，本指南要求做组织排放。

8.3.4　码头应设置含煤、含矿污水收集储存设施，储水量应按照生产产生的最大日污水量与设计雨水量比较后确定，取两者中的大值。储存设施宜充分利用港区生态空间，生态空间容积不够时应设置污水池。

8.3.5　码头应设置含煤、含矿污水处理设施，处理工艺流程应按《水运工程环境保护设计规范》(JTS 149)执行，设计出水水质应根据用水设备对水质的要求确定。

8.3.6　排水系统的设计应按照港区平面和工艺设备布置、汇水面积及地面坡度情况等综合考虑，宜采用重力自流方式。当落差和埋深较大，经技术经济比较后，可采用压力输送方式。

8.3.7　码头排水宜采用明沟或有盖明沟排水，沟净宽应不小于 300 mm。当采用暗管排水时，收水口应设置沉泥室，室高宜取 0.30～0.50 m。

8.3.8　水平敷设的排水管道，室内管道应不小于 DN200，室外管道应不小于 DN300；排水立管应不小于 DN150。排水管渠设计应按照排水流量和排水要求保持一定坡度。

8.4　污泥及粉尘的集中处理

8.4.1　储存含煤、含矿污水的污水池、排水沟等应定期清理，宜采用机械化清理方式。

8.4.2　皮带机头部漏斗下方设置的粉尘收集箱宜采用机械化整体更换箱体的方式回收粉尘。

【条文说明】对于皮带机头部漏斗下方设置的粉尘收集箱，箱内粉尘应定期清理并集中收集。为保证在清理收集过程不再产生二次扬尘，应设置粉尘收集箱整体换装设施，包括整体换装钢架、可移动粉尘收集箱及专用转运汽车。在粉尘收集箱下方配置专用配套钢架，粉尘装满收集箱后使用专用汽车整体将重箱运至粉尘处理车间，现场更换成空箱，取消中间倒运环节，见图8.1。

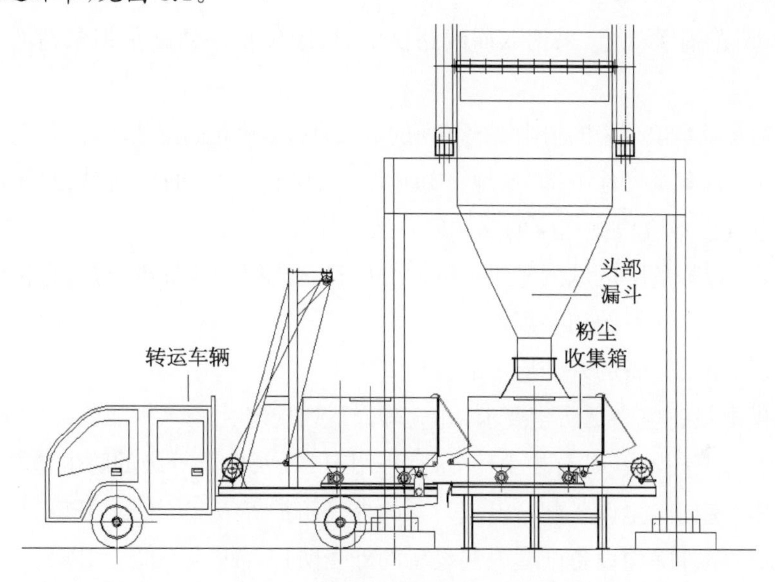

图8.1　粉尘收集箱机械化更换示意图

8.4.3　污水池、排水沟及污水处理设施产生的污泥和粉尘收集箱、清扫车、喷扫两用车等收集的粉尘均应集中处理。

8.4.4　码头应设置污泥、粉尘集中处理设施，将收集的污泥、粉尘处理成块状物再外运。

8.4.5　污泥、粉尘集中处理设施宜采用图8.4.5所示工艺流程，并应符合下列规定。

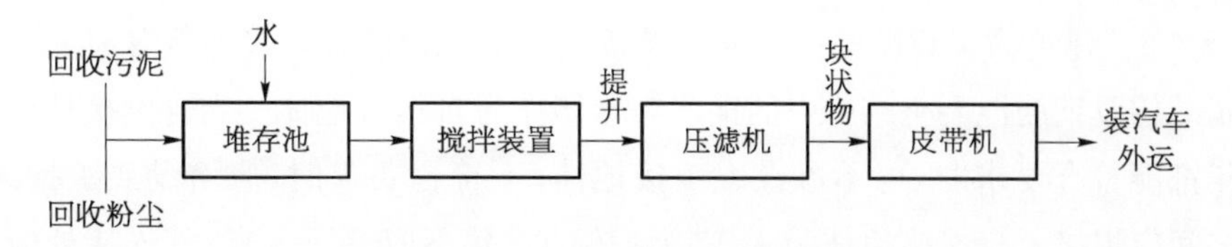

图8.4.5　污泥、粉尘处理工艺流程

8.4.5.1　污泥、粉尘集中处理设施的设计处理量应按照日收集粉尘最大量和污水处理设施产生的污泥量比较后确定，取两者中的大值。

8.4.5.2　污泥、粉尘集中处理设施的处理过程不应改变回收物的化学性质。

8.4.5.3　污泥、粉尘堆存池内注水量宜根据压滤机性能确定，缺乏资料时，宜按混合物总质量的60%～70%控制。

8.4.6　污泥、粉尘集中处理设施周围应设置充足场地，供清扫车、喷扫两用车、倒运汽车等进行装卸作业。

8.5　供　　电

8.5.1　粉尘控制供电系统设计应按照粉尘控制的负荷性质、用电容量、工程特点确定合理设计方案。其中供水泵站的负荷等级及供电方式应符合现行国家标准《泵站设计标准》(GB 50265)的有关规定，采用双回线路供电时，应按每一回路承担泵站的全部容量进行设计。

8.5.2　有爆炸危险环境的粉尘密闭场所的电气设备应满足防爆要求，并应符合下列规定。

8.5.2.1　翻车机房地下部分、地下卸车坑、储煤仓、封闭的转运站、封闭的装车楼等封闭场所的电气设备应根据相应的爆炸危险区域等级选择。

8.5.2.2　爆炸危险区域的等级范围划分应符合现行国家标准《爆炸危险环境电力装置设计规范》(GB 50058)的相关规定。

8.5.2.3　电气设备的外壳应可靠接地。

8.5.3　供电设备应满足防尘要求，并应符合下列规定。

8.5.3.1　对于煤炭、矿石粉尘环境，宜采用IP5X及以上等级的防尘型电器。

8.5.3.2　室内除尘设备配套电气设备的外壳防护等级应不低于IP54。

8.5.3.3　室外除尘设备配套电气设备的外壳防护等级应不低于IP65。

8.5.4　粉尘控制相关生产建筑物应进行防雷设计，并应满足下列要求。

8.5.4.1　建筑物防雷设计应符合现行国家标准《建筑物防雷设计规范》(GB 50057)和《建筑物电子信息系统防雷技术规范》(GB 50343)的相关规定。

8.5.4.2　建筑物应根据其重要性、使用性质、发生雷电事故的可能性及后果，按防雷要求进行分类，应划为第二类或第三类防雷建筑物。在雷电活动频繁或强雷区，应适当加强建筑物的防雷保护措施。

8.5.4.3　建筑物应装设保护人身和设备安全的接地装置。接地装置应充分利用建筑物金属结构及钢筋混凝土结构中的钢筋等导体作为自然接地体。当自然接地体的接地电阻常年都能符合要求时，可不添设人工接地体；不符合要求时，应增设人工接地装置。接地体之间应焊接。自然接地体与人工接地体的连接不应少于2点，其连接处应设接地测量井。

8.5.4.4　在防雷装置与其他设施及建筑物内人员无法隔离的情况下，装有防雷装置的建筑物，应采用等电位联结。

8.5.4.5　对小电流接地系统，其接地装置的接地电阻值不宜超过4 Ω。采用联合接地的系统，其接地系统的接地电阻值不宜超过1 Ω。

【条文说明】根据国家标准《建筑物防雷设计规范》(GB 50057)，分析港口项目中与粉尘控制相关的生产建筑物，如泵房、污水处理厂、干雾间等都达不到一类防雷建筑物的划分要求，因此与粉尘控制相关的生产建筑物应划为第二类和第三类防雷建筑物。同时，考虑到在雷电活动频繁或强雷区等特殊地区以及某些项目有特殊要求时，可根据需要适当加强建筑物的防雷保护措施。这样，既节省不必要的投资，又能在增加少量投资的情况下，满足特殊场所的防雷需要。

8.5.5　对干式除尘抑尘系统，应采取静电保护技术措施，并应满足下列要求。

8.5.5.1　静电保护设计应符合现行国家标准《防止静电事故通用导则》(GB 12158)和《粉尘爆炸危险场所用收尘器防爆导则》(GB/T 17919)的有关规定。

8.5.5.2　系统所有属于静电导体的物体必须接地。

8.5.5.3　防静电接地线不得利用电源零线。

8.5.5.4　接地导体应采用 6 mm^2 以上的裸绞线或编织线。

8.6　自动控制

8.6.1　除尘抑尘系统宜配备自动控制系统，其与皮带输送机控制系统之间宜采用工业控制网络连接，并按工艺流程要求实现联锁控制。

8.6.2　粉尘自动控制系统应包括堆场粉尘自动控制系统、转运站粉尘自动控制系统、装卸设备粉尘自动控制系统和相关在线监测系统。

8.6.3　堆场粉尘自动控制系统包括对堆场喷枪、射雾器、堆取料设备上水设施等的自动控制。堆场粉尘自动控制系统宜采用工业现场总线方式控制，并宜与供水泵站控制系统合建。现场总线方式控制的喷枪站控制箱内的电源进线端宜设置浪涌保护器，控制箱防护等级应不低于 IP65。

【条文说明】一般堆场设置的现场总线控制站均布置在堆场周边的路边或堆场皮带机两侧的空旷区域，一般上述区域周边均无高大建筑物的保护。总线控制站在上述空旷区域经常会遭受恶劣天气下的雷电袭击，造成总线控制站设备的损坏，因此，在总线控制站电控箱内的电源进线端增设浪涌保护器，用于保护总线控制站设备避免雷电对设备的损坏。

无论 20 世纪 80 年代从国外引进的港口成套工艺设备，还是 2000 年以后我国自行设计和制造的大多数煤炭和矿石码头的成套工艺设备，其所配置的户外电控设备防护等级均按 IP65 设计，经过多年的现场实践检验，可以满足港口环境的使用要求。因此，条文中对电控箱防护等级的要求规定为不低于 IP65。

8.6.4　转运站粉尘自动控制系统包括转运站内除尘或抑尘设施的控制，其与皮带输送机控制系统之间宜采用工业控制网络连接，并按工艺流程要求实现联锁控制。

8.6.5　装卸设备粉尘自动控制系统包括翻车机房底层给料机洒水控制、装船机洒水控制、卸船机洒水控制、堆场堆取料设备洒水控制等。装卸工艺流程启动时，洒水设备应自动开启；装卸工艺流程停止后，洒水设备应自动停止。

8.6.6 翻车机房底层煤炭含水率在线检测装置检测的含水率数据应实时上传至在线监测系统。

【条文说明】传统的洒水除尘设备通常不能精确控制洒水量，往往存在洒水量过多或过少的问题，对生产造成不良的影响。在安装煤炭含水率在线检测装置后，洒水抑尘系统可根据检测结果对洒水量进行自动调节和监测，既可避免洒水过多造成煤炭黏度过大影响生产，又可解决洒水不足产生的扬尘污染问题。

黄骅港煤炭含水率在线检测装置安装在振动给料机出口处，检测洒水后的煤炭含水率。检测结果反馈到粉尘自动控制系统，系统将检测结果与进港煤炭煤检含水率作比较，并根据比较结果实时自动地对洒水量进行调节，形成闭环控制。

8.6.7 堆场区、码头区、翻车机房区、进港大门等敏感区域应设置环境监测设施，实时监测大气总悬浮颗粒物(TSP)、环境温度、湿度、风速、风向、气压等数据，并上传至在线监测系统。

【条文说明】总悬浮颗粒物(TSP)指环境空气中空气动力学当量直径≤100 μm 的颗粒物。

8.6.8 粉尘自动控制系统应按照环境在线监测数据实现洒水、除尘设备的自动控制，并根据数据限值自动开启或关闭所在区域作业设备的洒水、除尘设备。

【条文说明】黄骅港实现了环境监测数据与除尘设备的联动控制：① 当码头区监控数值高于预设的报警数值时，本区域装船机洒水设备自动启动；② 当翻车机房区监控数值高于预设的报警数值时，本区域翻车机洒水设备自动启动，数值浓度较低或翻车机不在翻转作业流程时，洒水设备自动关闭；③ 当堆场区监控数值高于预设的报警数值时，本区域洒水喷枪自动开启，区域内转接机房的干式除尘器也根据报警信号开启，但是堆取料机洒水设施不参与联动(只要进行堆取作业就开启头部洒水设备)，而臂架洒水则视堆垛含水率情况开启。

8.6.9 供水泵房自动控制系统应根据泵房工艺系统要求进行设计。控制系统宜采用可编程序控制器和工业计算机控制，监视主要设备运行状况及工艺参数，实现供水泵房生产过程自动控制，并通过现场总线实现堆场洒水喷淋系统设备的自动控制。

8.6.10 洒水喷枪站、上水设施应设置箱内温度检测仪表和配套的电伴热装置。

8.6.11 自动控制设备在密闭场所的防爆要求应按第 8.5.2 条的规定执行。

9 设备维护与监测

9.0.1 粉尘控制设施设计时,应采取防止物料冲击破坏的防护措施。

9.0.2 根据粉尘控制设施位置及规模,应相应设置爬梯、检修通道、维护检修平台等设施。

9.0.3 运营单位应建立粉尘控制设施维护的相关制度,对除尘抑尘设施应进行定期维护,定期对除尘器滤袋、静电除尘器电晕极、喷嘴等进行维护或更换。

9.0.4 除尘抑尘设施应保持完好,除尘抑尘设施完好率不应低于95%。

9.0.5 粉尘监测系统应利用现代信息技术,确保收集到动态实时和完整的监测数据。港区环境监测设施应定期维护。

附录A　堆场抑尘洒水量计算方法

A.0.1　梯形台形式的散货堆场堆垛，示意图见图A.0.1，单座堆垛表面积可按下式计算：

$$A_i = 2\left(L + B - 2\frac{H}{\tan\theta}\right)\cdot\frac{H}{\sin\theta} + \left(L - 2\frac{H}{\tan\theta}\right)\cdot\left(B - 2\frac{H}{\tan\theta}\right) \qquad (A.0.1)$$

式中　A_i——单座堆垛表面积(m^2)；

L——堆垛长度(m)；

B——堆垛宽度(m)；

H——堆垛高度(m)；

θ——堆垛安息角(°)。

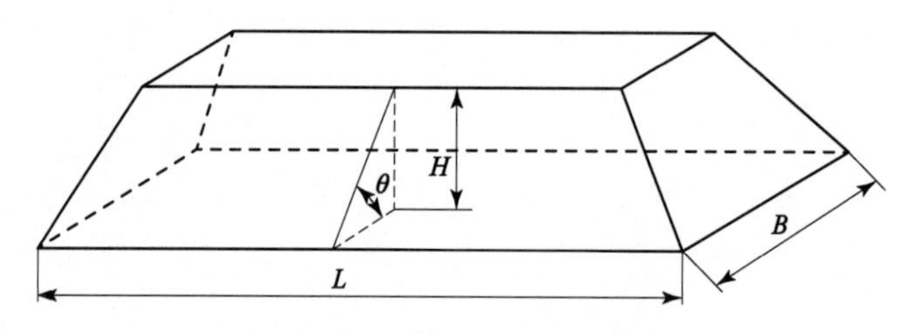

图A.0.1　梯形台形式堆垛示意图

A.0.2　堆场堆垛总表面积可按下式计算：

$$A = \sum_{i=1}^{n} A_i \cdot N_i \qquad (A.0.2)$$

式中　A——堆场堆垛总表面积(m^2)，喷洒范围包含堆垛间道路的应计入道路面积；

A_i——单座堆垛表面积(m^2)；

N_i——堆场某堆垛数。

A.0.3　堆场一次喷洒水量和一日喷洒水量可按下列方法计算：

(1) 堆场一次喷洒水量按下式计算：

$$V_i = \frac{A \cdot q}{1\,000} \qquad (A.0.3-1)$$

式中　V_i——堆场一次喷洒水量(m^3)；

A——堆场堆垛总表面积(m^2)；

q——喷洒强度[L/(m^2·次)]，按表8.2.4确定。

(2) 堆场一日喷洒水量按下式计算：

$$Q = V_i \cdot n \qquad (A.0.3-2)$$

式中　Q——堆场一日喷洒水量(m^3)；

V_i——堆场一次喷洒水量(m^3)；

n——堆场一日喷洒次数。

A.0.4　堆场每组喷枪一次喷洒所用时间可按下式计算：

$$t=\frac{V_i}{f \cdot P} \tag{A.0.4}$$

式中　t——每组喷枪一次喷洒所用时间(h)；

V_i——堆场一次喷洒水量(m^3)；

f——一支喷枪流量(m^3/h)；

P——整个堆场布置的喷枪数。

附录B　防风抑尘网挡风板尺度参数表

表 B.0.1　防风抑尘网挡风板常用规格参考表

防风抑尘网类型	材　质	挡风板、网形式	尺度参数
刚性网	低碳钢板、镀锌板、镀铝锌板、彩涂钢板、铝镁合金板、不锈钢板、玻璃钢板	蝶形三峰	成型宽度 810～920 mm，峰高 50～80 mm，长度 6 m 之内，厚度 0.5～1.5 mm
		蝶形单峰	成型宽度 300～480 mm，峰高 50～100 mm，长度 6 m 之内，厚度 0.5～1.5 mm
		蝶形双峰	成型宽度 540～620 mm，峰高 50～100 mm，长度 6 m 之内，厚度 0.5～1.5 mm
柔性网	高强度聚酯纤维	单层	织网宽度 100 cm，织网长度 100 m
		双层	织网宽度 100 cm，织网长度 100 m

附录C　京津冀地区降雨量

表 C.0.1　多年最大日降雨深度平均值一览表

地　区	多年最大日降雨深度平均值/mm
秦皇岛港	98.9
京唐港区	83.8
曹妃甸港区	82.1
天津港	81.8
黄骅港	97.6

【条文说明】编写组在中国气象数据网站上获取了京津冀典型港口地区秦皇岛、乐亭、曹妃甸、塘沽、海兴五站点1990—2019年的多年最大日降雨深数据，并通过取平均值得出上述各地区多年最大日降雨深平均值，京津冀典型港口地区多年最大日降雨深值见表C.1。

表 C.1　京津冀典型港口地区近年的多年最大日降雨深值　　单位：mm

年份/年	秦皇岛港	京唐港区	曹妃甸港区	天津港	黄骅港
	秦皇岛	乐亭	曹妃甸	塘沽	海兴
1990	61.4	88.4	98.9	99.8	131
1991	118.3	66.3	87.6	56	117.5
1992	62.4	63.7	47.3	56.9	70.3
1993	49.5	28.4	52.9	40.9	45.1
1994	104	144.9	125.4	97.2	152.3
1995	122.5	93.9	93.9	84.3	69.8
1996	61.2	53.4	59.8	54.9	85.3
1997	81.1	87.1	71.9	43.3	50.5
1998	138.9	130.5	99	99.8	86.3
1999	53.6	47.4	87.7	65.9	59.3
2000	111	75.2	82.8	81.9	84.8
2001	40.9	32.8	59.4	103.9	84.3
2002	103.4	33.2	24.9	41.1	200.5

续 表

年份/年	秦皇岛港	京唐港区	曹妃甸港区	天津港	黄骅港
	秦皇岛	乐亭	曹妃甸	塘沽	海兴
2003	165.8	111.1	97.6	120.3	113.9
2004	88.4	100.8	79.2	52.5	74.8
2005	70.1	95.3	86.7	57	131.3
2006	97.2	104.5	102.2	59.4	160.1
2007	81.3	95.1	47.9	128.4	49.2
2008	88.7	121.2	221.3	89.9	56.3
2009	64.6	51.6	41.6	101.6	94.3
2010	117.3	57.8	113.5	160.4	114
2011	126.4	117.4	86.7	98.6	192.8
2012	183.8	145.7	101	144.3	82.7
2013	93	60	48.5	47.3	54.4
2014	37.8	53.3	45.8	51.7	28.2
2015	75.3	79.1	55.2	51.2	181.8
2016	120.7	119.7	103.2	148.3	101.5
2017	169.7	69.6	79	62.1	76.8
2018	177.9	79.6	68.3	66.9	99.8
2019	100.3	107.9	95.2	86.9	80.5
平均值	98.9	83.8	82.1	81.8	97.6

附录D　本指南用词说明

为便于在执行本指南条文时区别对待，对要求严格程度的用词说明如下：

(1) 表示很严格，非这样做不可的，正面词采用“必须”，反面词采用“严禁”。

(2) 表示严格，在正常情况下均应这样做的，正面词采用“应”，反面词采用“不应”或“不得”。

(3) 表示允许稍有选择，在条件许可时首先应这样做的，正面词采用“宜”，反面词采用“不宜”。

(4) 表示允许选择，在一定条件下可以这样做的采用“可”。

引用标准名录

1.《环境空气质量标准》(GB 3095)
2.《大气污染物综合排放标准》(GB 16297)
3.《煤炭工业污染物排放标准》(GB 20426)
4.《水运工程环境保护设计规范》(JTS 149)
5.《工业建筑供暖通风与空气调节设计规范》(GB 50019)
6.《建筑设计防火规范》(GB 50016)
7.《城市污水再生利用城市杂用水水质》(GB/T 18920)
8.《污水综合排放标准》(GB 8978)
9.《泵站设计标准》(GB 50265)
10.《供配电系统设计规范》(GB 50052)
11.《爆炸危险环境电力装置设计规范》(GB 50058)
12.《建筑物电子信息系统防雷技术规范》(GB 50343)
13.《粉尘爆炸危险场所用收尘器防爆导则》(GB/T 17919)